Advanced Nail

어드밴스드 네일

고정민 · 김유정

구민사

Prologue

화려하게 물들인 손톱 끝에는 여성들의 생각이 머물러 있습니다. 그 여성들의 손 끝에 있는 생명을 숨 쉬게 하는 것이 네일리스트의 일입니다. 어떠한 직종에서도 어려운 일을 수중에 넣기 위해서는 대단한 노력과 기술을 필요로 하며, 네일리스트에게도 특별히 숙련된 기술이 필요합니다. 네일에 대한 사회적인 관심이 증가하고 있는 시점에서 진보하는 기술 구축을 위한 노력이야말로 네일 산업의 이미지 제고에 가장 중요한 부분임을 간과해서는 안 될 것입니다. 그러기 위해서는 정확한 네일 기술의 의미와 필요성을 심층적으로 연구하고 이해하며 끊임없는 연습을 통해 몸에 익히는 것이 중요합니다.

본 Advanced nail 교재는 Basic nail을 통한 이론적인 배경아래 다양한 기술과 아트를 연마하여 진정한 기술력 향상에 도움을 주고자 이론과 실기 테크닉 등을 체계적으로 정리해 놓았습니다.

본 교재를 마무리하면서 부족한 내용이 많으리라 생각하지만 앞으로 계속 수정 · 보완해 나갈 것을 약속드리며, 전문 기술자로서 또 아티스트로서의 눈으로 커다란 꿈을 갖고 네일리스트의 일을 끝까지 판별해 주기를 바랍니다.

마지막으로 본 교재의 출판을 위해 도움을 주신 도서출판 구민사 조규백 대표님과 편집부 여러분께 감사의 뜻을 전합니다.

저자 일동

contents

1. Nail Extension
네일 익스텐션

2.

Nail Art

네일 아트

3.

Previous Question

기출문제

Advanced Nail

어드밴스드 네일

1

Nail Extension

네일 익스텐션

1

Nail Extension

네일 익스텐션의 기본

네일 익스텐션은 인공적으로 손톱을 만들어 손톱의 길이를 길게 연장하는 기술로 네일 팁, 네일 랩, 아크릴릭 스컬프처, 젤 스컬프처 등을 시술한다. 네일 익스텐션을 실시하기 전에 기초지식을 충분히 인지하여야 다양한 기술을 습득할 수 있다.

1 자연 네일의 준비(Preparation of the Natural Nail)

- **자연 네일의 길이** : 자연 네일의 길이는 1 mm 정도로 짧게 조절한다.
- **큐티클 주변 정리** : 오렌지 우드스틱이나 큐티클 푸셔를 사용하여 불필요한 루즈 스킨을 제거한다.
- **자연 네일의 유분기 제거**(에칭, Etching) : 180 grit 정도의 파일이나 샌딩 블럭을 사용해서 자연 네일 표면의 유분기를 제거한다.
- **분진 제거** : 더스트 브러시를 사용하여 자연 네일 위의 분진을 제거한다.
- **프라이머 도포** : 자연 네일의 pH 밸런스를 맞추고 유분기를 제거하여 접착력을 강하게 해준다.

2 인조 네일의 필요성

① 자연 네일이 찢어졌을 때

② 자연 네일이 부러지지 않고 자라게 할 때

③ 자연 네일의 길이를 연장하고자 할 때

3 인조 네일의 구조

1) 하이 포인트(High Point)

- 손톱의 측면에서 보았을 때 네일 베드 위의 가장 높은 부분이다.
- 보통 1/2선 정도를 보고 있으나, 프리에지의 길이에 따라 1/3~1/2선 사이를 대략적으로 본다.

2) 스트레스 포인트(Stress Point)

- 손톱의 사이드와 옐로 라인이 만나는 부분이다.
- 가장 약한 부분으로 찢어지거나 손상을 많이 받는 곳이다.

3) 사이드 스트레이트(Side Straight)

- 네일 표면을 옆에서 볼 때 네일의 옆선이 평행한지를 의미한다.
- 네일을 위에서, 옆에서 바라볼 때 모두 손가락과 일직선이 되도록 한다.

4) C커브(C-curve)

- 프리에지의 밑선을 정면으로 본 모양으로 30~40%가 기본적으로 가장 좋다.
- C커브를 만들어 줄 수 있는 스컬프처나 실크 익스텐션과 같은 시술에 적용된다.

4 인조 네일의 파일링 방법

- 파일링(Filling) : 파일로 손톱을 가는 작업을 말한다. 네일의 모양과 길이를 조정하고 표면을 정리한다.

✦ The 알아보기

파일의 단위(grit) 와 적용

100 grit	150 grit	180 grit	240 grit	400~500 grit
길이조절 심한 두께 조절	에칭, 표면정리 옆선, 앞선 정리	에칭, 표면정리	세심한 표면정리	광내기

1) 파일링 시 파일 잡는 방법

(1) 1번 파일링 방법(손톱 표면)

네일 파일의 1/3을 잡고 엄지를 위로 올리고 검지 · 중지 · 약지 · 소지가 파일의 아래를 잡고 손톱의 표면을 갈아준다.

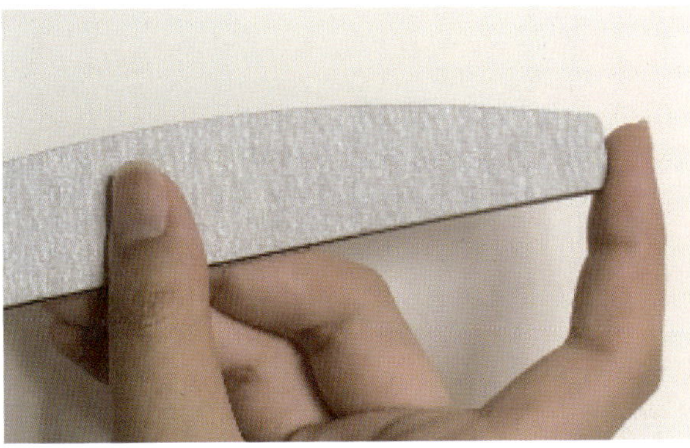
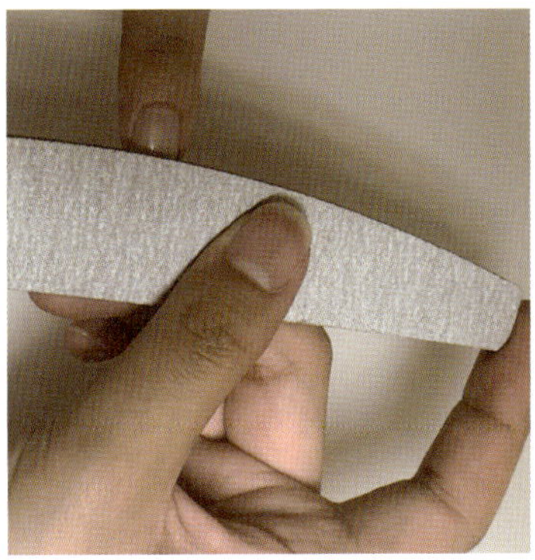

파일링 방법 1

(2) 2번 파일링 방법(오른쪽 사이드)

네일 파일을 아래로 툭 치면서 내려와 파일의 반대쪽 1/3을 엄지와 중지 · 약지 · 소지로 파일을 잡고 검지로 파일의 위를 받친다. 파일의 2/3를 이용하여 오른쪽 사이드를 갈아준다.

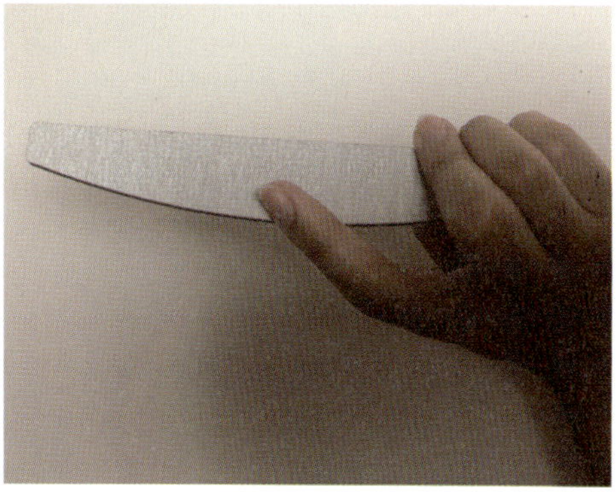

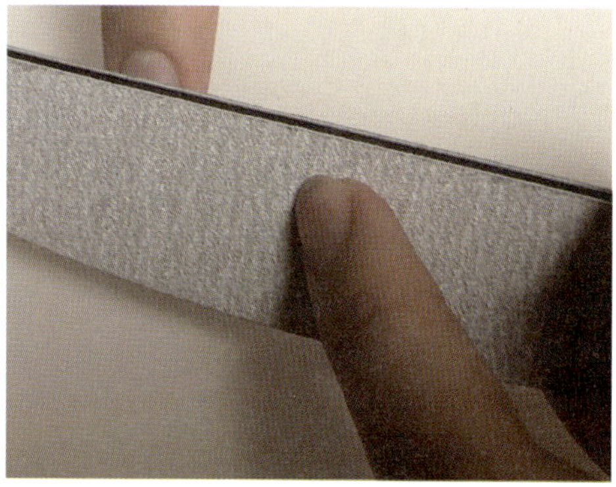

파일링 방법 2

(3) 3번 파일링 방법(왼쪽 사이드)

2번의 반대방향으로 손을 바꿔주고 파일의 반대방향으로 왼쪽 사이드를 갈아준다.

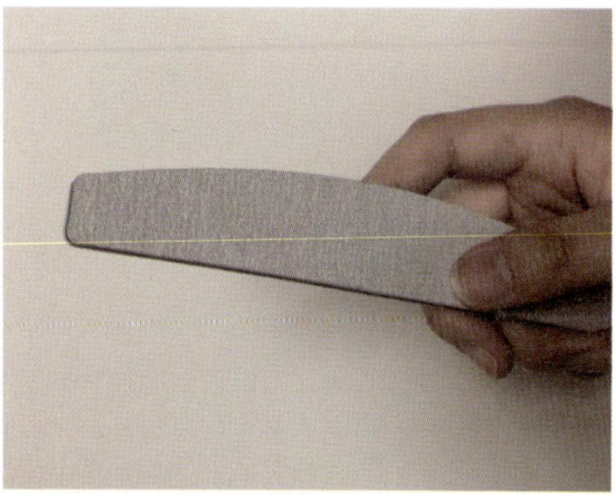

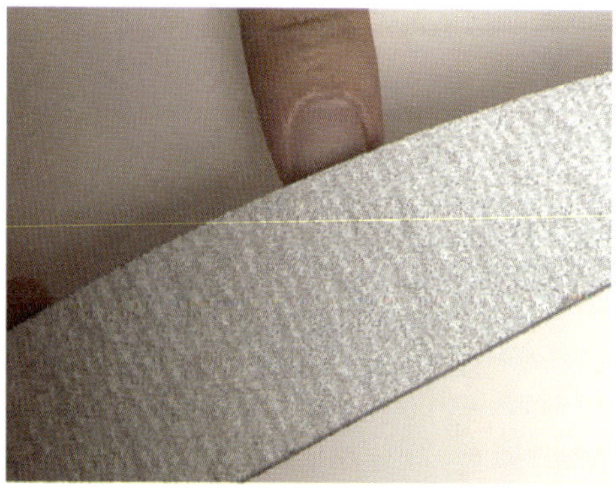

파일링 방법 3

2) 스퀘어 셰이프 파일링 방법

(1) 길이 조절

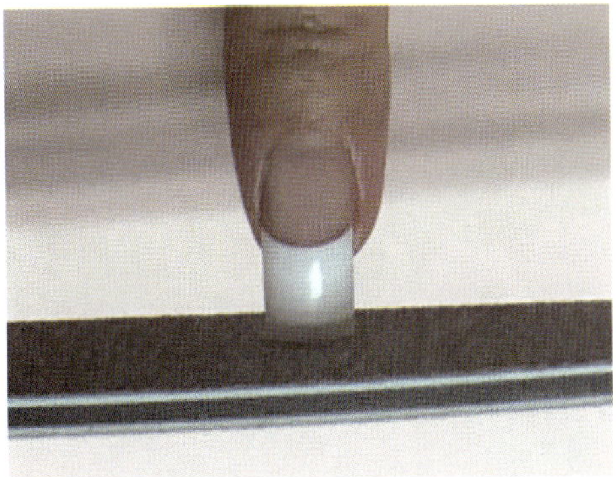

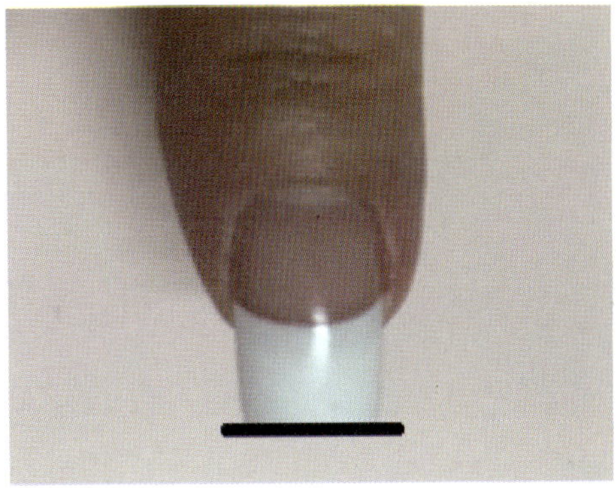

인조 네일용 파일과 프리에지의 90°각도를 유지하여 일직선으로 파일링한다.

(2) 옆선 조절(오른쪽)

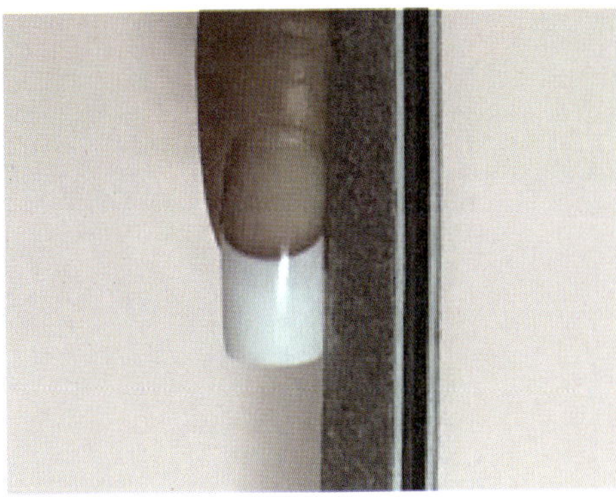

정면에서 오른쪽 라인을 확인하고 파일의 각도 90°를 유지하여 일직선으로 파일링한다.

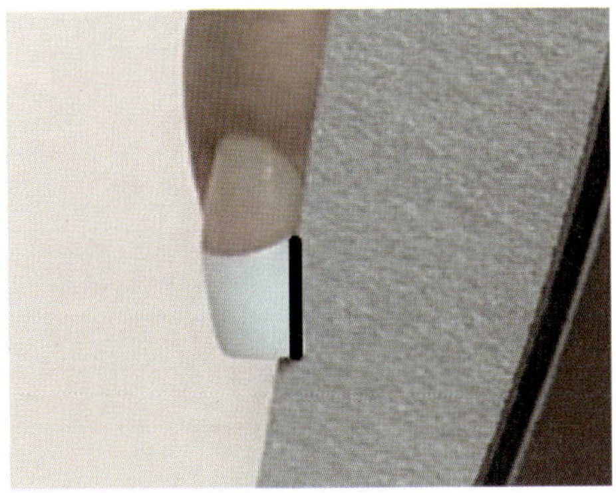

고객의 손가락을 왼쪽으로 살짝 돌려 옆면 직선 라인을 확인하면서 파일링한다.

(3) 옆선 조절(왼쪽)

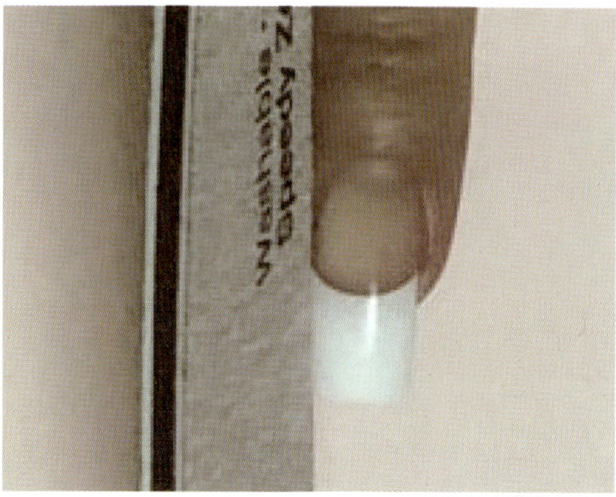

정면에서 오른쪽 라인을 확인하고 파일의 각도 90°를 유지하여 일직선으로 파일링한다.

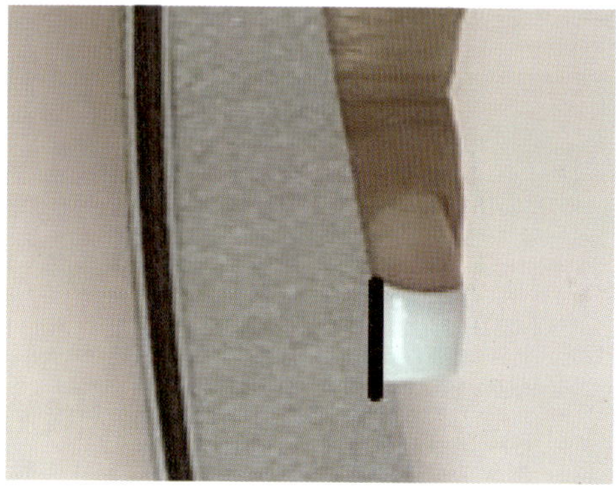

고객의 손가락을 오른쪽으로 살짝 돌려 옆면 직선 라인을 확인하면서 파일링한다.

(4) 셰이프 조절

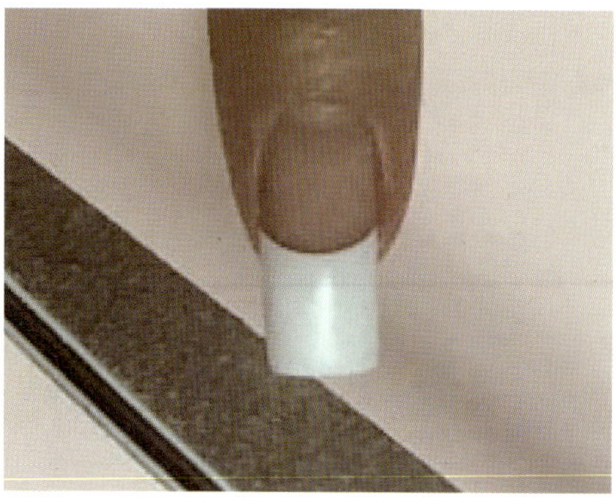

파일의 45°의 각도로 유지하여 왼쪽 부분의 각을 제거하며 부드럽게 파일링한다.

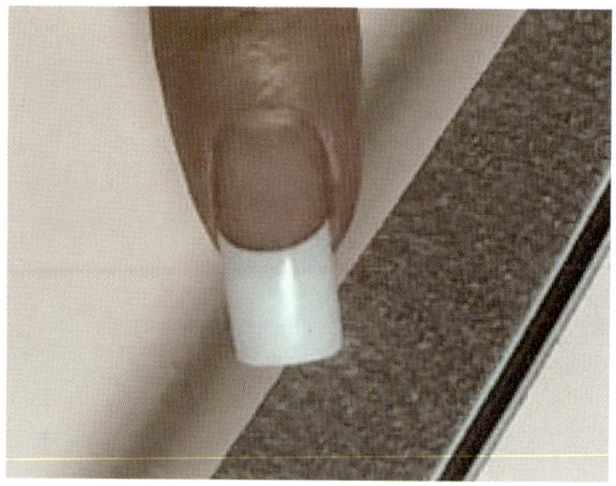

파일의 45°의 각도로 유지하여 오른쪽 부분의 각을 제거하며 부드럽게 파일링한다.

5 인조 네일의 문제점과 원인

1) 들뜸(리프팅/Lifting)

큐티클 라인으로부터 들뜨거나 중간 부분에서의 들뜸으로 생기는 현상

(1) 원인

① 자연 네일에 유 · 수분이 많을 경우

② 자연 네일에 유 · 수분이 남아 있을 경우

③ 큐티클이나 사이드 쪽을 제대로 파일링하지 않을 경우

2) 깨짐(크랙/Crack)

충격으로 금이 가는 현상

(1) 원인

① 스트레스 포인트를 얇게 올렸을 경우

② 인조 네일을 전체적으로 얇게 시술하였을 경우

③ 부주의한 관리

3) 곰팡이(펑거스/Fungus, 몰드/Mold)

자연 네일과 인조 네일 사이에 습기가 스며들어 곰팡이가 생기는 현상

(1) 원인

① 들뜸 현상을 오래 방치했을 경우

② 보수 작업 시 들뜬 부분을 완전히 제거하지 않고 보수하였을 경우

③ 인조 네일을 제거하지 않고 계속적인 보수 작업으로 자연 네일에서 수분이 자생하여 들떴을 경우

2

Nail Tip

네일 팁

네일 팁은 네일의 길이를 연장하는 목적으로 사용하며, 네일 팁을 사용하여 길이를 연장하고 다양한 네일 재료를 활용하여 인조 네일을 조형하는 시술이다.

1 | 네일 팁의 이해

네일 팁은 이미 만들어진 인조 네일로 플라스틱, 나일론, 아세테이트 등의 재질로 만들어진다.

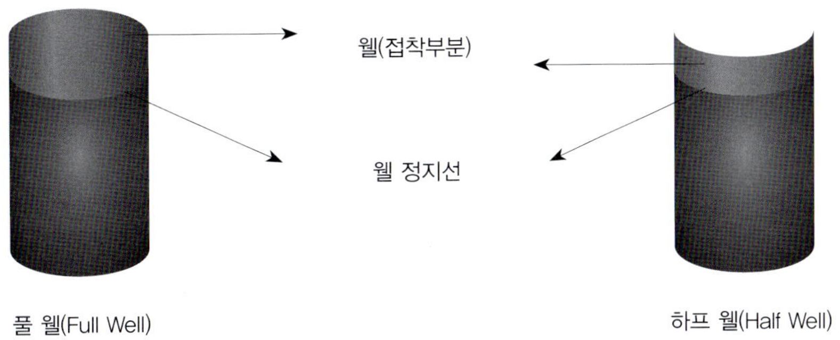

네일 팁

1) 웰(Well)

웰은 네일 팁의 윗부분에 약간의 홈이 패여 있는 부분을 말한다. 네일 접착제를 도포하는 곳으로 자연 네일을 연장하기 위해 자연 네일의 프리에지와 네일 팁이 접착되는 부분이다. 웰은 형태에 따라 하프 웰(Half Well)과 풀 웰(Full Well)로 구분되며 웰이 없는 네일 팁도 존재한다. 네일 팁은 웰(Well) 부분이 얇을수록, 색상이 자연 네일에 가까울수록 자연스럽고 좋은 팁이라 볼 수 있다.

2) 네일 팁의 종류

네일 팁은 크기별로 10가지 호수로 분류되어 있고 팁의 종류에 따라 크게 풀 커버 팁, 프렌치 팁, 내츄럴 팁으로 구분되며 고객의 요청에 따라 적합한 네일 팁을 선택할 수 있다.

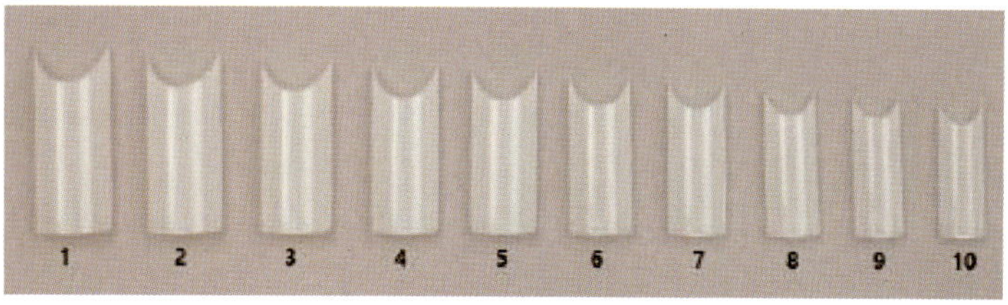

네일 팁의 크기별 분류

(1) 풀 팁(Full Tip) 또는 풀 커버 팁(Full cover Tip)

웰(Well) 부분 없이 큐티클 라인에 맞춰 자연 네일 전체를 덮는 타입으로 신속한 시술의 효과를 볼 수 있으나 투박하고 1회성에 가깝다.

(2) 풀 웰 팁(Full Well)

스퀘어 팁이라고 하며 웰(Well) 부분이 넓다. 손톱과의 접착 부위가 넓어 자연 네일에 단단히 부착될 수 있으나 팁 턱 제거 시 많은 시간이 소요될 수 있다.

(3) 하프 웰 팁(Half Well)

레귤러 팁이라고 하며 웰(Well)부분이 좁다. 팁 턱 제거 시간이 적게 소요되나 접착 부위가 다소 적은 관계로 충격에 약하다.

(4) 디자인 팁(Design Tip)

프렌치 팁(French tip), 컬러 팁(Color tip)으로 풀 팁과 반 팁이 있다.

3) 네일 팁의 선택 방법

- 팁을 고를 때 자연 손톱의 사이즈와 같거나 한 사이즈 큰 것을 선택한다.
- 팁의 크기가 클 경우 양쪽 웰 부분을 네일 파일로 갈거나 클리퍼로 잘라서 사용한다.
- 자연 손톱의 모양과 어울리는 팁 모양을 선택한다.
- 자연 손톱의 1/2 이상을 덮어서는 안 된다.
- 손톱의 양쪽 끝을 모두 커버해야 한다.
- 손톱 끝이 위로 솟은 손톱에는 커브가 있는 팁을 선택한다.
- 크고 넓적한 손톱에는 끝이 좁아지는 내로(Narrow) 팁을 선택한다.

4) 팁을 잘못 선택한 경우

(1) 작은 팁을 붙였을 때

- 자연 손톱에 통증이 올 수 있다.
- 자연 손톱이 조여들며 변형이 올 수 있다.
- 자연 손톱과 접착 부분이 작아 빨리 떼어질 수 있다.

(2) 큰 팁을 붙였을 때

- 피부와 붙어 파일링이 어려울 수 있다.
- 네일 접착제가 피부에 묻어 화상을 입을 수 있다.
- 손톱의 모양이 자연스럽지 않다.

2 프렌치 팁(French Tip)

1) 프렌치 팁의 정의

프렌치 팁은 팁에 다양한 컬러가 입혀져 있어 원하는 컬러를 선택하여 길이를 연장할 수 있으며 완성 후 컬러링 없이 스타일을 연출할 수 있는 시술 방법이다.

2) 사전 준비

① 테이블을 소독

② 테이블 위에 흰색 타월을 깔고 그 위에 페이퍼 타월 준비

③ 네일 재료들을 바구니에 정리한다.

④ 위생 봉지를 테이블 한쪽에 붙인다.

3) 재료 및 도구

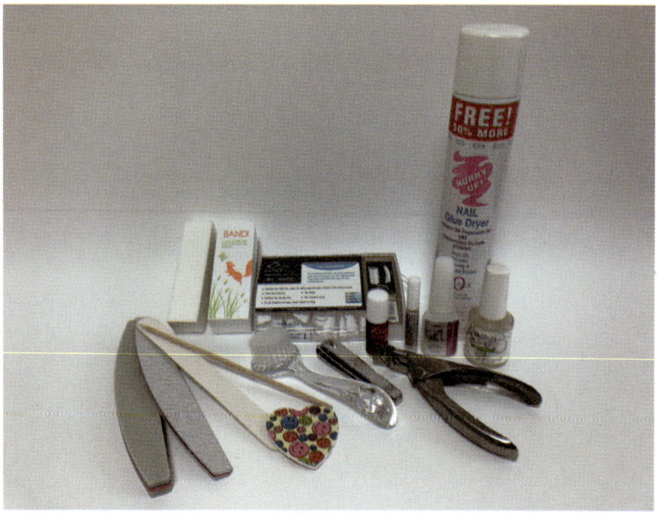

· 프렌치 팁
· 클리퍼
· 팁 터커기
· 글루
· 젤 글루
· 필러 파우더
· 글루 드라이
· 파일
· 광파일
· 샌딩파일
· 우드파일
· 오렌지 우드스틱
· 더스트 브러시
· 큐티클 오일
· 디자인 패드

✦ The 알아보기

프리퍼레이션Preparation(자연 네일의 준비)

인조 네일 시술 전에 반드시 해야 하는 전처리 과정으로 자연 네일의 유 · 수분을 제거하여 세균의 번식을 억제하고 인조 네일의 들뜸 현상을 방지하기 위한 사전 작업이다.
인조 네일의 지속력과 접착력을 높여주기 위해 프리퍼레이션 작업은 꼭 필요한 작업이다.

4) 수행순서

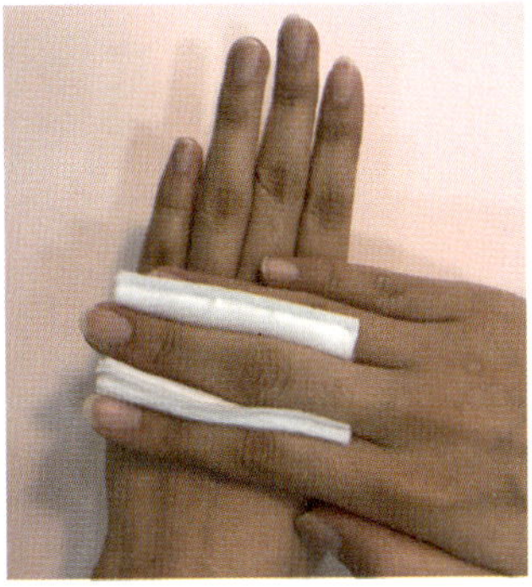

① 시술자 손 소독하기

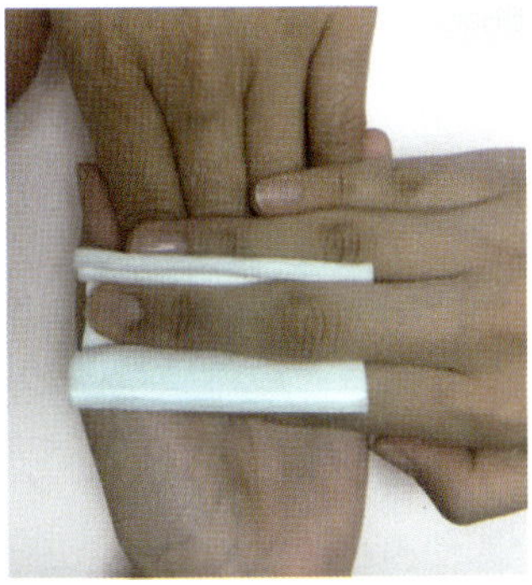

② 고객 손 소독하기

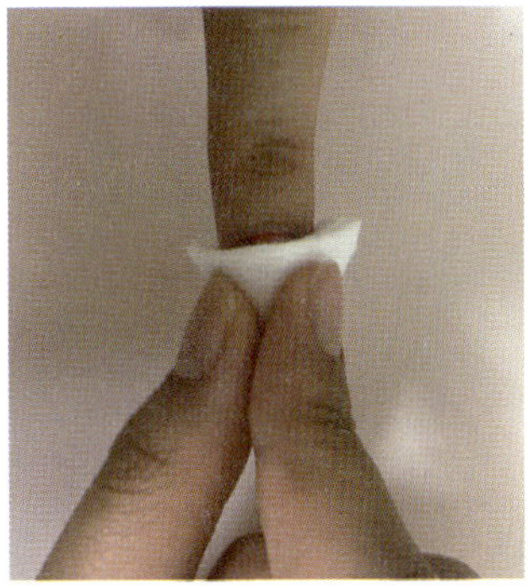

③ 네일 폴리시 제거하기

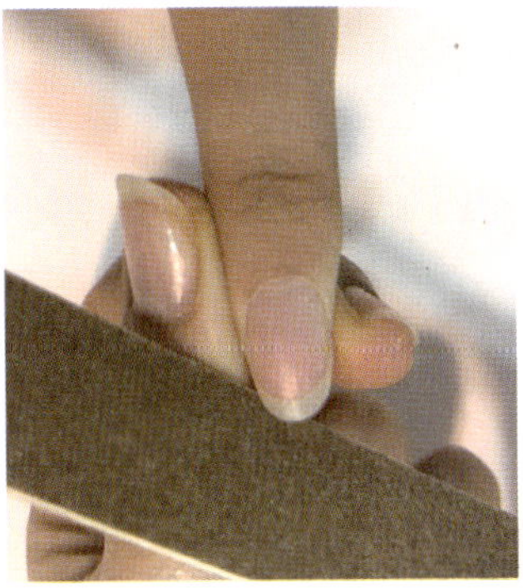

④ 네일 길이 및 모양잡기

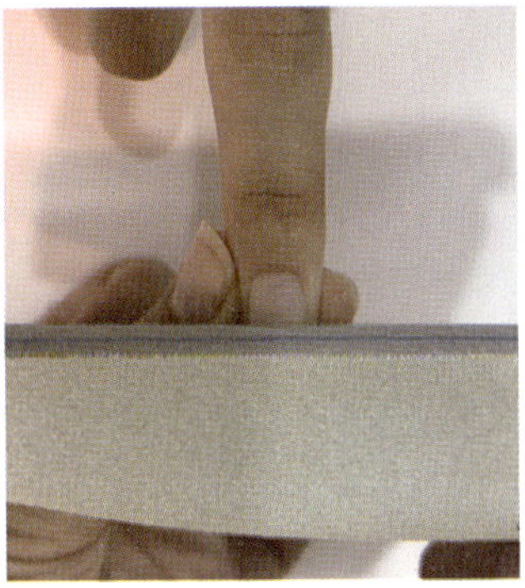

⑤ 표면 샌딩하기

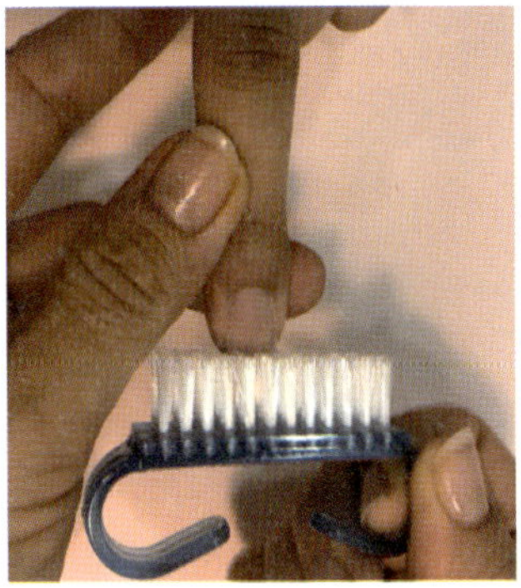

⑥ 분진 제거하기

프리퍼레이션(Preparation, 자연 네일의 준비)

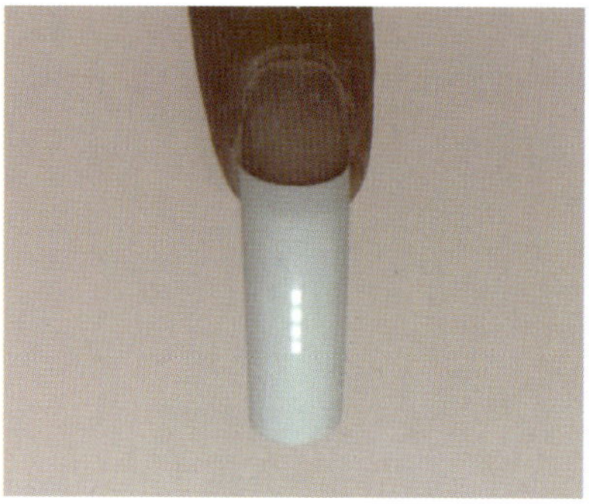

⑦ 팁 접착하기

글루나 젤 글루를 웰에 충분히 바른 다음 웰의 정지선에서 45° 정도의 각도로 천천히 접착시키면 공기 방울이 들어가는 것을 예방할 수 있다. 글루 드라이를 분사하고 길이를 조절한다.

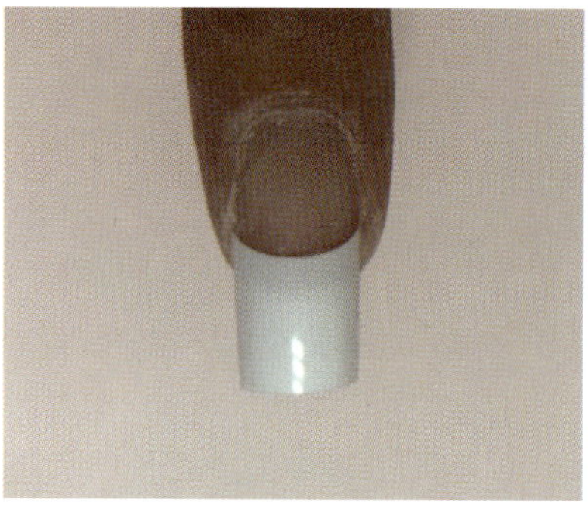

⑧ 길이 조절하기

팁과 팁 커터가 90°가 되도록 맞춰 원하는 길이보다 조금 길게 잘라낸다. 네일 파일을 사용하여 스퀘어 모양을 만든다.

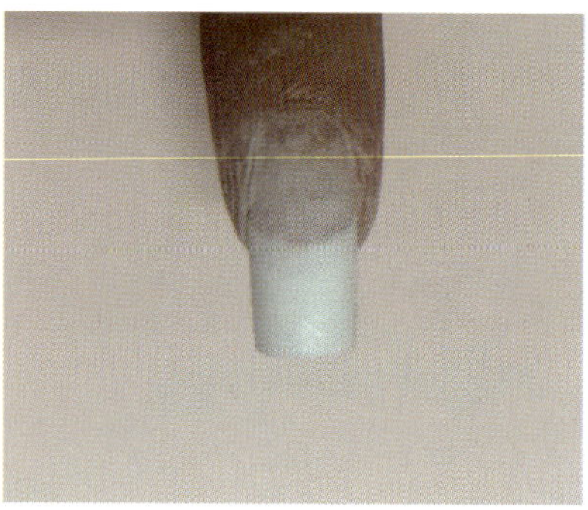

⑨ 글루, 필러파우더 사용하기

글루를 팁 턱 부분에 도포하거나 프렌치라인의 컬러를 보호하기 위해 네일 전체에 글루를 도포한다. 필러 파우더를 2~3회 반복 사용하여 팁 표면의 볼륨을 만들어 준다.

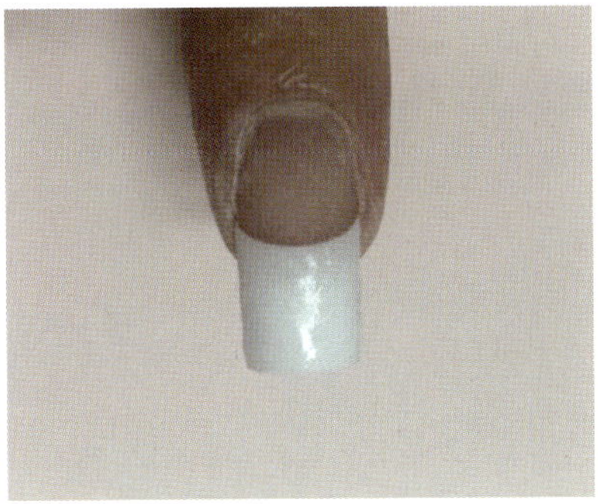

⑩ 글루 바르기

필러 파우더를 충분히 흡수하도록 네일 글루를 도포한다. 팁의 표면 상태에 따라 2~3회 반복 사용하여 표면을 메운다. 글루의 양이 많을 경우 페이퍼 타월로 글루를 스며들게 하여 덜어낸다.

⑪ 표면 파일링 하기

100 grit의 거친 파일을 사용하여 길이와 모양을 만들고 150→180 grit으로 두께와 하이포인트를 살려 표면을 매끄럽게 갈아준다.

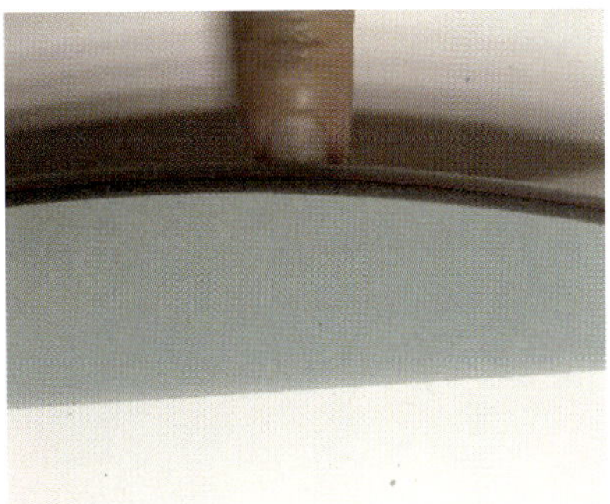

⑫ 표면 정리하기

샌딩 파일을 사용하여 매끄럽게 정리한다.

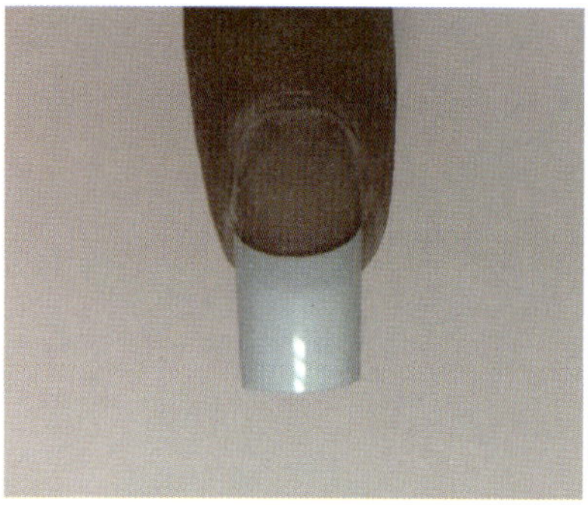

⑬ 글루 바르기

피부에 닿지 않도록 적당량 고르게 바른다.

⑭ 표면 정리하기

샌딩 블럭을 사용하여 매끄럽게 정리한다.

⑮ 광택 내기

광택용 파일을 사용하여 네일의 표면에 광택을 낸다.

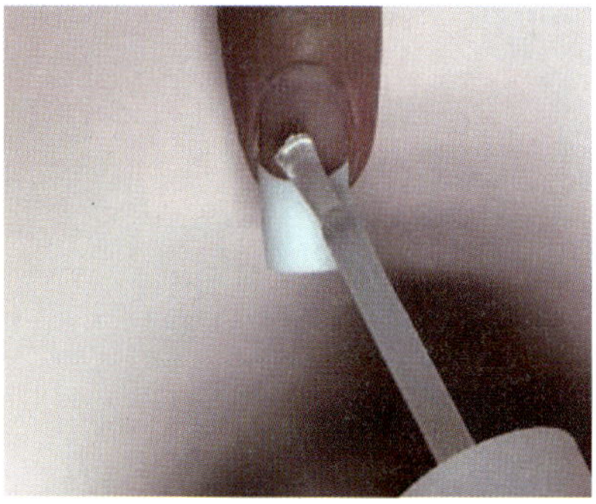

⑯ **큐티클 오일 바르기**

큐티클 부분에 큐티클 오일을 소량만 바르고 페이퍼 타월로 문질러 닦아준다.

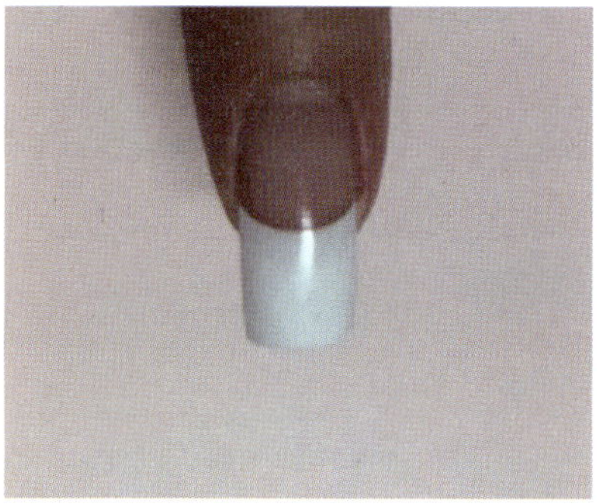

⑰ **완성**

3 파우더 팁(Power Tip)

1) 파우더 팁의 정의

네일 팁을 접착하고 좀 더 보강하는 의미로 글루와 필러 파우더를 사용하여 손톱의 길이를 연장하고 견고하게 만들어 주는 시술 방법이다.

2) 사전 준비

① 테이블을 소독

② 테이블 위에 흰색 타월을 깔고 그 위에 페이퍼 타월 준비

③ 네일 재료들을 바구니에 정리한다.

④ 위생 봉지를 테이블 한쪽에 붙인다.

3) 재료 및 도구

· 레귤러 팁
· 클리퍼
· 팁 커터기
· 글루
· 젤 글루
· 필러 파우더
· 글루 드라이
· 파일
· 광파일
· 샌딩파일
· 우드파일
· 오렌지 우드스틱
· 너스트 브러시
· 큐티클 오일
· 디자인 패드

✦ The 알아보기

프리퍼레이션Preparation(자연 네일의 준비)

인조 네일 시술 전에 반드시 해야 하는 전처리 과정으로 자연 네일의 유 · 수분을 제거하여 세균의 번식을 억제하고 인조 네일의 들뜸 현상을 방지하기 위한 사전 작업이다.
인조 네일의 지속력과 접착력을 높여주기 위해 프리퍼레이션 작업은 꼭 필요한 작업이다.

4) 수행순서

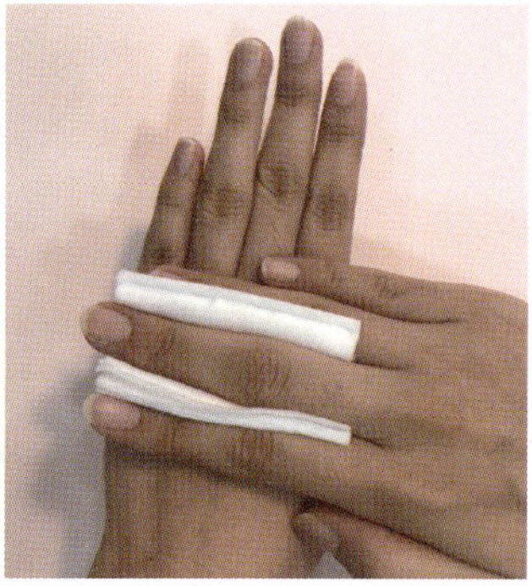

① 시술자 손 소독하기

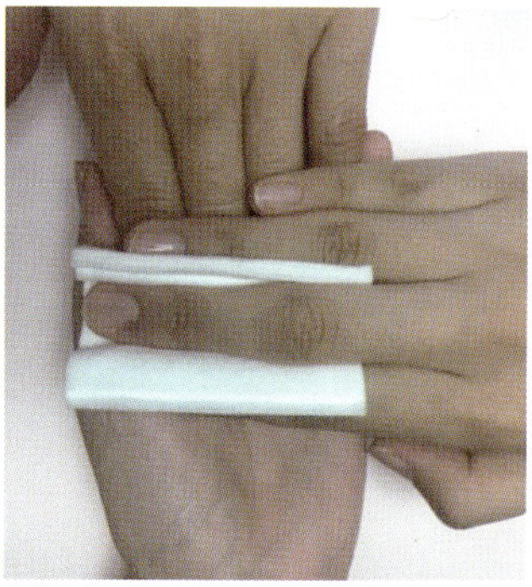

② 고객 손 소독하기

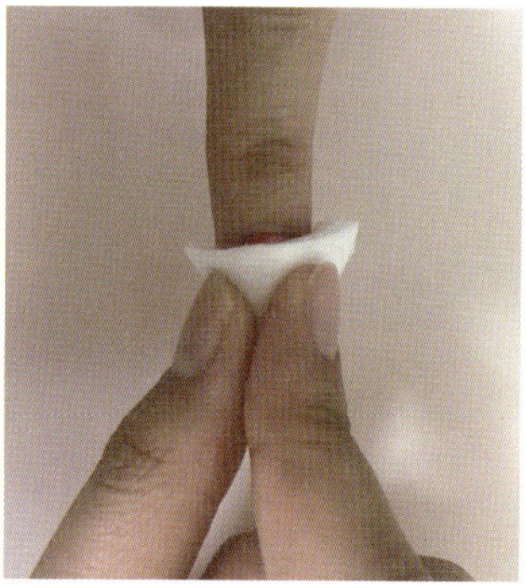

③ 네일 폴리시 제거하기

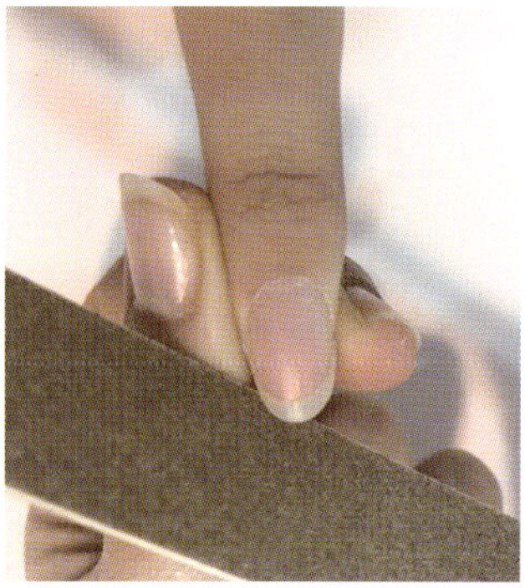

④ 네일 길이 및 모양잡기

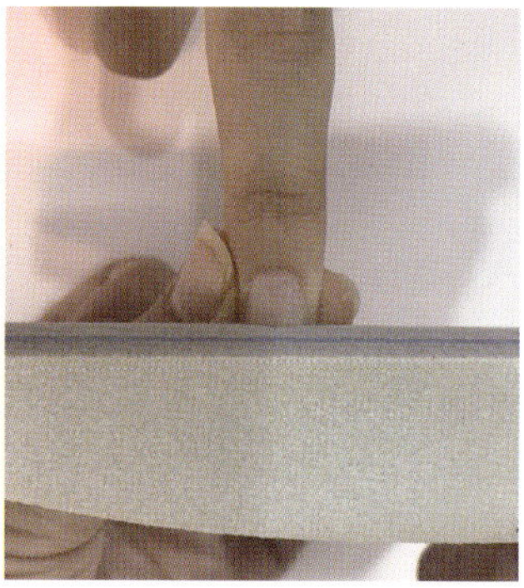

⑤ 표면 샌딩하기

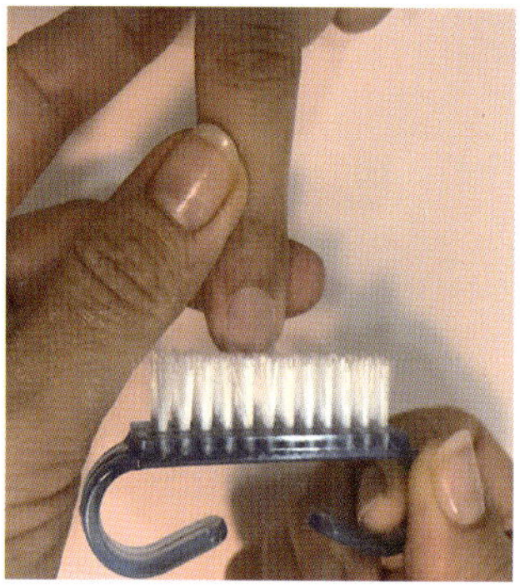

⑥ 분진 제거하기

프리퍼레이션(preparation, 자연 네일의 준비)

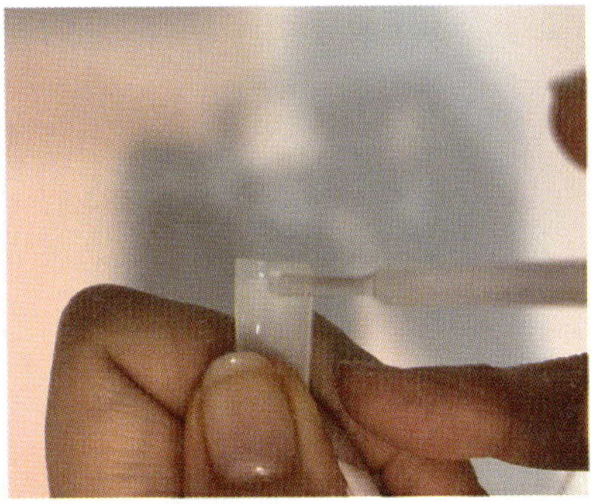

⑦ 글루 바르기

네일 팁을 선택하고 팁 웰 부분에 글루를 바른다.

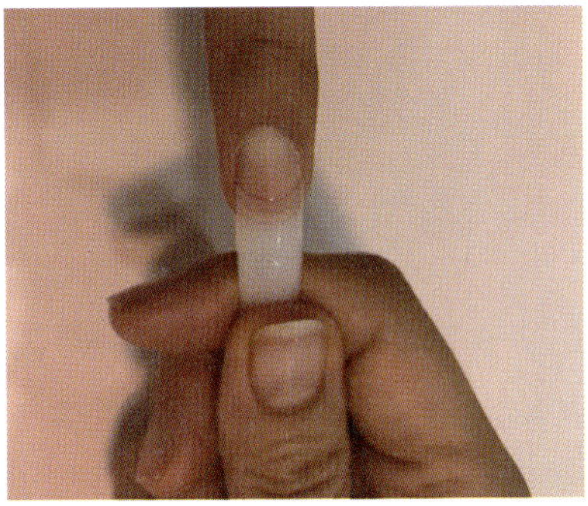

⑧ 네일 팁 접착하기

웰 부분에 글루를 바르고 레귤러 팁을 45° 각도로 밀착하여 접착한다.

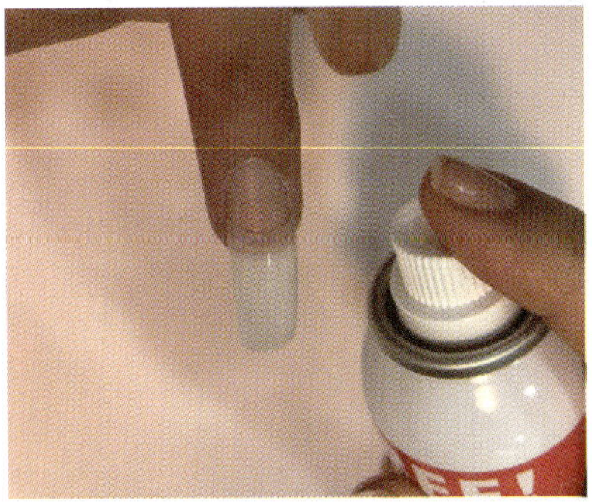

⑨ 글루 드라이 분사하기

글루 드라이는 10cm 이상의 거리에서 약하게 분사하여 고정시킨다.

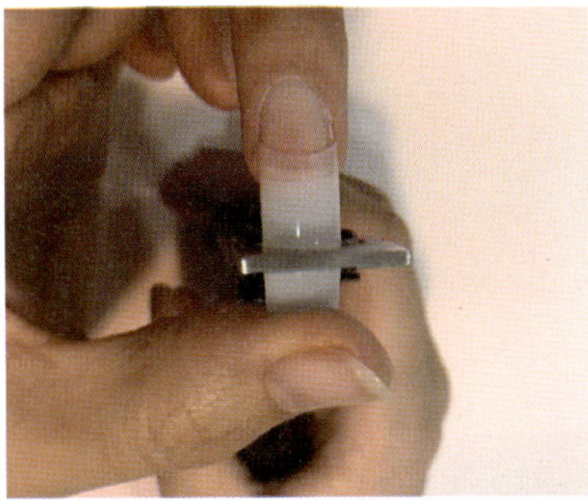

⑩ 길이 조절하기

팁과 팁 커터가 90°가 되도록 맞춰 원하는 길이보다 조금 길게 잘라낸다. 네일 파일을 사용하여 스퀘어 모양을 만든다.

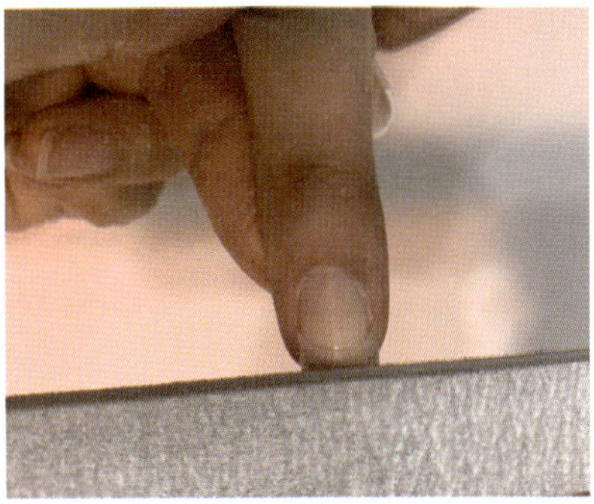

⑪ 네일 팁 턱 제거하기

자연 네일과 매끄럽게 연결되도록 네일 팁 턱을 제거한다.

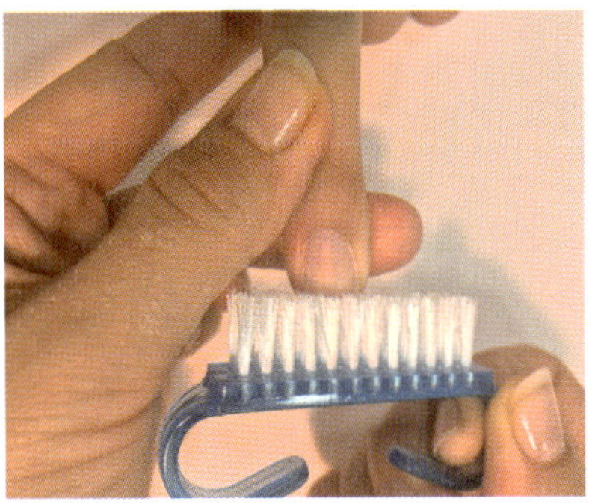

⑫ 분진 제거하기

더스트 브러시를 사용하여 분진을 제거한다.

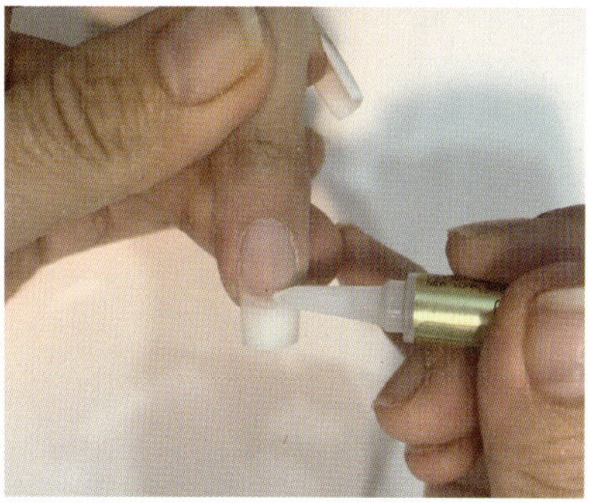

⑬ 글루 바르기

네일 전체에 글루를 꼼꼼하게 바른다.

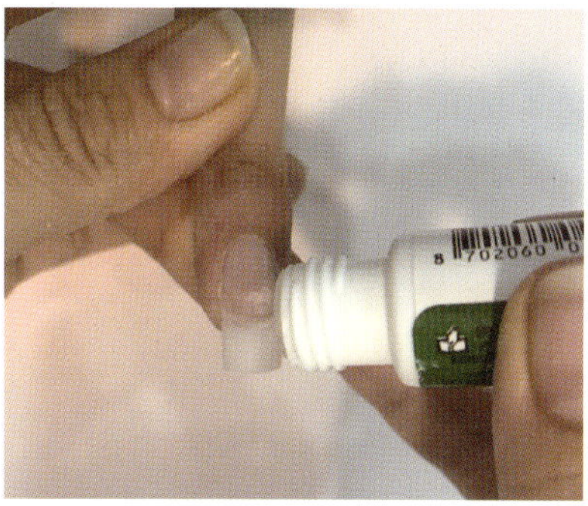

⑭ 필러 파우더 뿌리기

필러 파우더를 네일 팁 턱 제거 부분에 집중적으로 뿌려주고 위아래가 자연스럽게 그러데이션이 될 수 있도록 한다.
오렌지 우드 스틱으로 주변에 묻은 필러 파우더를 정리한다.

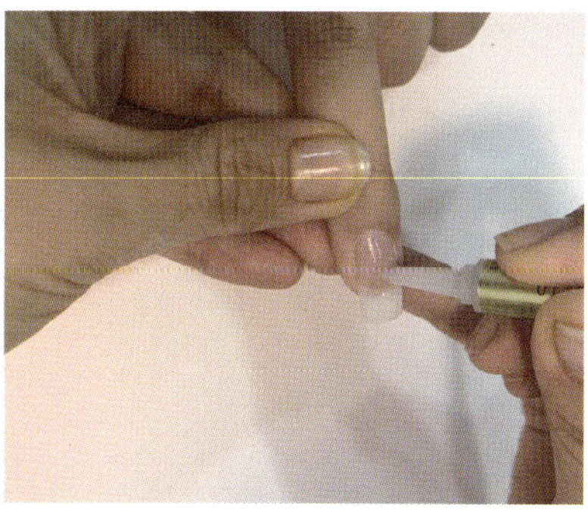

⑮ 글루 바르기

글루가 필러 파우더에 스며들 수 있도록 바른다.

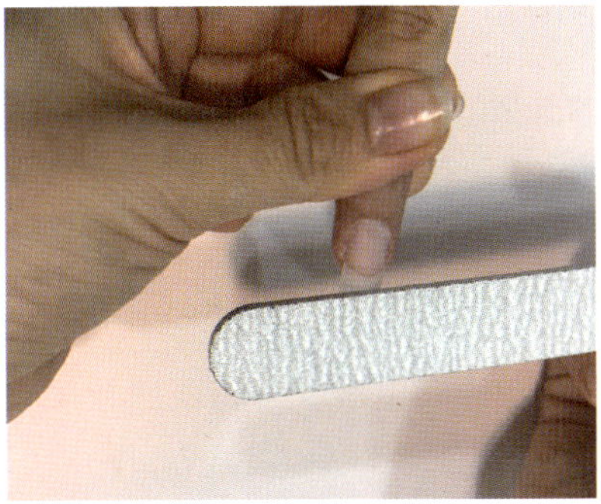

⑯ 표면 정리하기

파일로 표면을 정리한다.

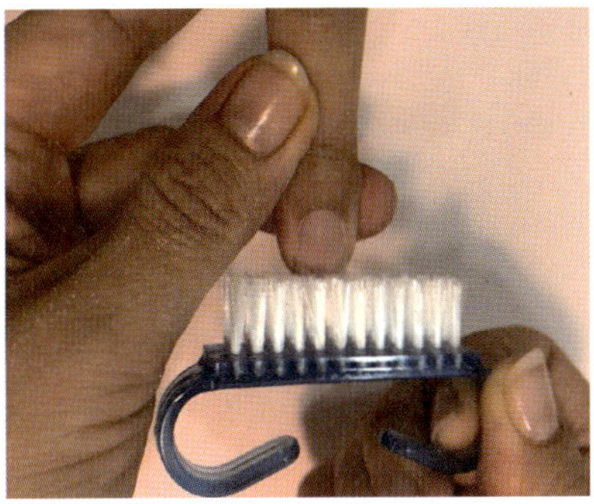

⑰ 분진 제거하기

더스트 브러시를 사용하여 분진을 제거한다.

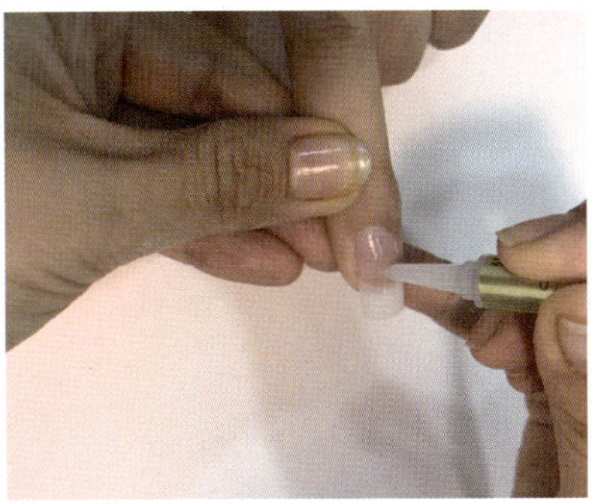

⑱ 글루 바르기

글루를 도포하여 파일링으로 인한 표면의 스크레치를 메운다.

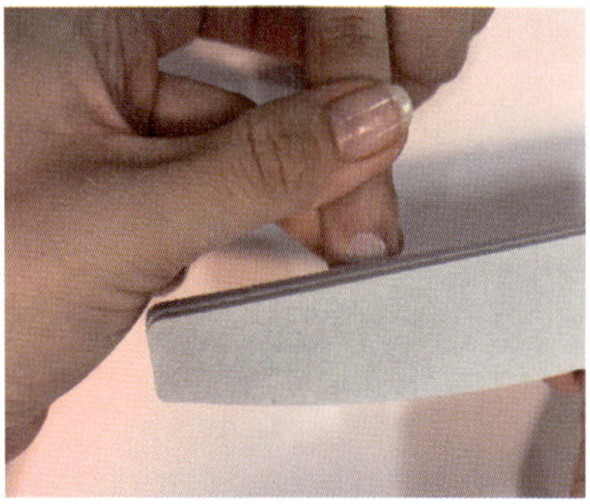

⑲ **표면 정리하기**

샌딩 파일을 사용하여 네일 표면을 매끄럽게 정리한다.

⑳ **광택 내기**

광택용 파일을 사용하여 네일의 표면에 광택을 낸다.

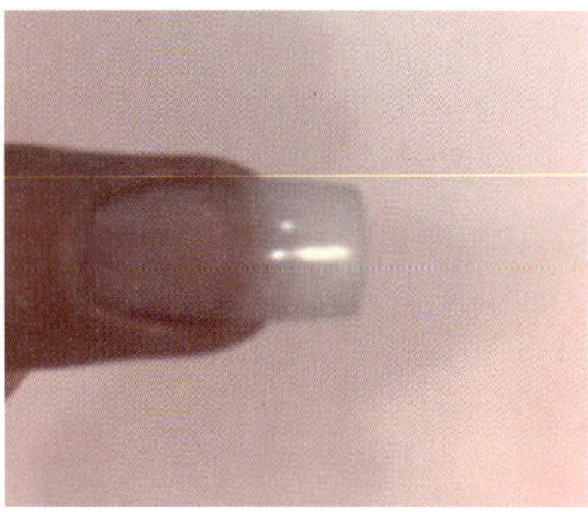

㉑ **완성**

3

Nail Wrap

네일 랩

네일 랩은 자연 네일이나 네일 팁 위에 랩을 이용하여 네일의 강도를 높여주고 네일의 길이를 자유롭게 연장해 주는 시술 방법이다. 특히 네일이 부러지거나 찢어진 경우, 자연 네일의 모양 그대로 길이를 늘려줄 수 있기 때문에 다른 인조 네일에 비해 가벼우면서 거부감 없이 연장할 수 있다.

1 네일 랩의 이해

1) 네일 랩(Nail Wrap)

네일 랩은 섬유로 가공된 직물 소재로 만들어진 원단을 말하며 실크, 린넨, 파이버 글래스 등을 총칭하는 단어이다. 네일 랩의 종류에 따라 특징을 익히고 적절히 선택하여 사용해야 한다.

네일 랩의 종류

<table>
<tr><th colspan="2">종류</th><th>특징</th></tr>
<tr><td rowspan="3">페브릭 랩
(Fabric Wraps)
천 소재</td><td>실크
(Silk, 비단)</td><td>· 매우 가느다란 명주실 소재의 천으로 투명하고 부드럽고 가볍다.
· 네일에 접착해도 섬유 조직이 드러나지 않아 자연스럽고 접착 성분이 있는 접착 실크를 많이 사용한다.</td></tr>
<tr><td>린넨
(Linen, 마)</td><td>· 굵은 소재의 천으로 짜여 있어 두껍고 투박하다.
· 굵은 소재의 천이라 강하고 오래 유지되지만 네일에 접착했을 때 섬유 조직이 그래도 드러나 사용하지 않는다.</td></tr>
<tr><td>화이버글래스
(Fiberglass,
광섬유, 유리섬유)</td><td>· 가느다란 인조 유리 섬유로 짜여 있는 천으로 느슨한 소재로 되어있다.
· 네일에 접착했을 때 글루가 잘 스며들고 투명하지만 조직의 짜임새가 듬성듬성하여 올이 풀리거나 틀어지는 단점이 있어 잘 사용하지 않는다.</td></tr>
<tr><td colspan="2">페이퍼 랩
(Paper Wraps)</td><td>매우 얇은 종이 소재로 아세톤에 약하기 때문에 1회성 임시 랩으로만 사용한다.</td></tr>
</table>

2) 네일 랩 재단 방법

(1) 완 재단

자연 네일의 큐티클 라인에 맞춰 네일 랩을 큐티클 라인의 곡선과 동일하게 재단한다. 프리에지가 모자라지 않게 스트레스 포인트부터 자연 네일보다 넓고 길게 사다리꼴로 재단하는 방법으로 네일 랩 접착 전에 재단을 하는 방법이다.

(2) 반 재단

자연 네일의 큐티클 라인 한쪽 면을 맞춰 네일 랩을 큐티클 라인 한쪽 면의 곡선과 동일하게 재단한다. 네일 랩의 한쪽 면을 재단하고 자연 네일에 네일 랩을 접착 후 나머지 반을 재단하는 방법이다.

2 팁 위드 랩(Tip with Wrap)

1) 팁 위드 랩의 정의

파우더 팁 시술 후 좀 더 튼튼하게 보강하기 위해 네일 랩을 이용하여 오버레이 함으로써 네일의 강도를 높여주는 시술 방법이다.

2) 사전 준비

① 테이블을 소독

② 테이블 위에 흰색 타월을 깔고 그 위에 페이퍼 타월 준비

③ 네일 재료들을 바구니에 정리한다.

④ 위생 봉지를 테이블 한쪽에 붙인다.

3) 재료 및 도구

· 레귤러 팁
· 글루 드라이
· 젤 글루
· 필러 파우더
· 클리퍼
· 팁 커터기
· 실크
· 실크 가위
· 더스트 브러시
· 디자인패드
· 파일
· 우드파일
· 샌딩파일
· 샌딩블록
· 광파일
· 큐티클 오일

✦ The 알아보기

프리퍼레이션Preparation(자연 네일의 준비)

인조 네일 시술 전에 반드시 해야 하는 전처리 과정으로 자연 네일의 유 · 수분을 제거하여 세균의 번식을 억제하고 인조 네일의 들뜸 현상을 방지하기 위한 사전 작업이다.
인조 네일의 지속력과 접착력을 높여주기 위해 프리퍼레이션 작업은 꼭 필요한 작업이다.

4) 수행순서

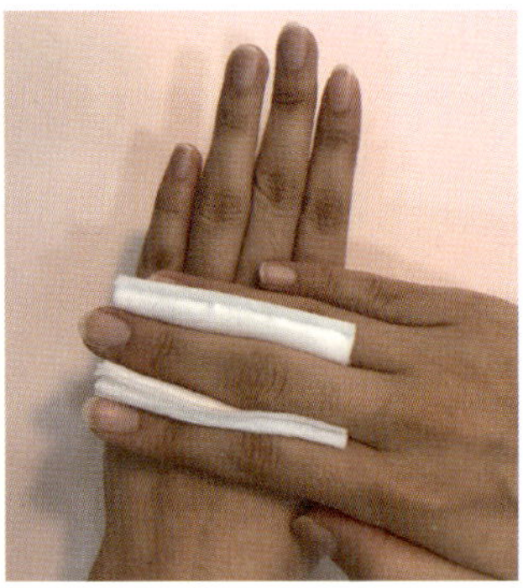

① 시술자 손 소독하기

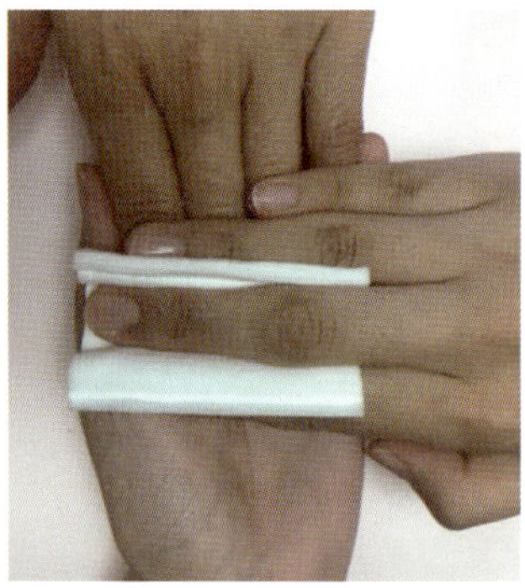

② 고객 손 소독하기

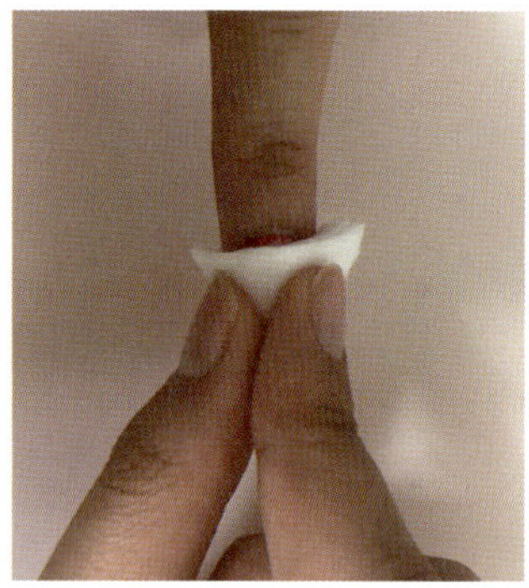

③ 네일 폴리시 제거하기

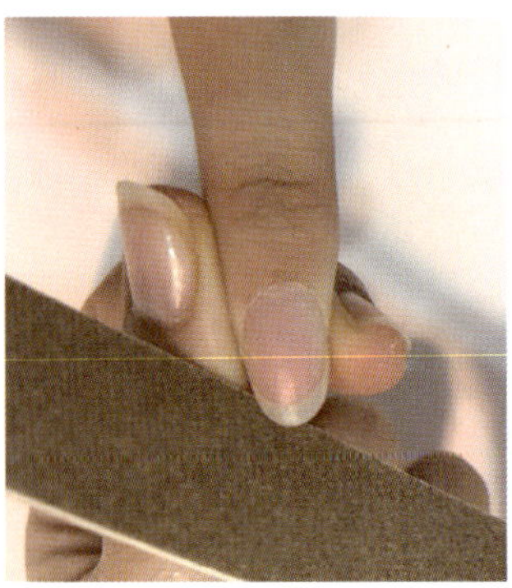

④ 네일 길이 및 모양잡기

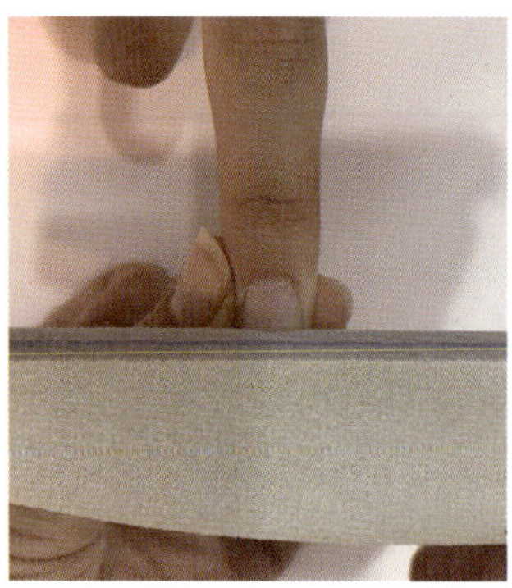

⑤ 표면 샌딩하기

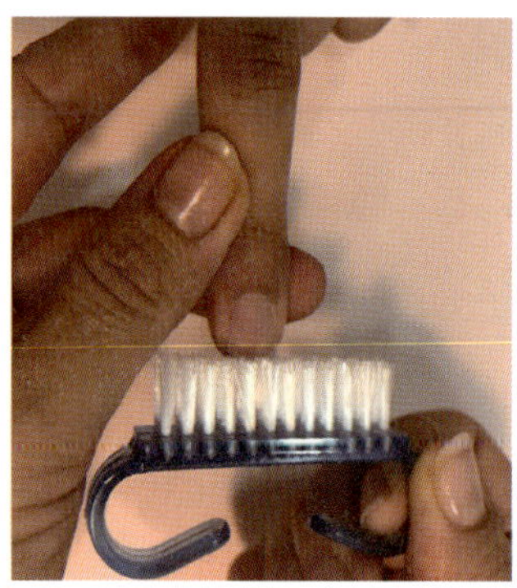

⑥ 분진 제거하기

프리퍼레이션(Preparation, 자연 네일의 준비)

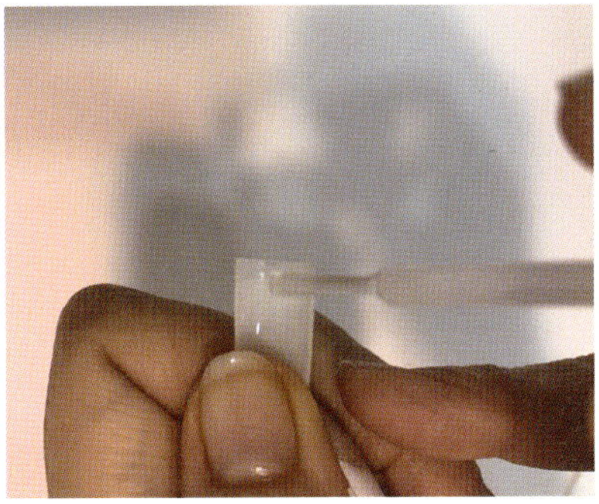

⑦ 글루 바르기

네일 팁을 선택하고 팁 웰 부분에 글루를 바른다.

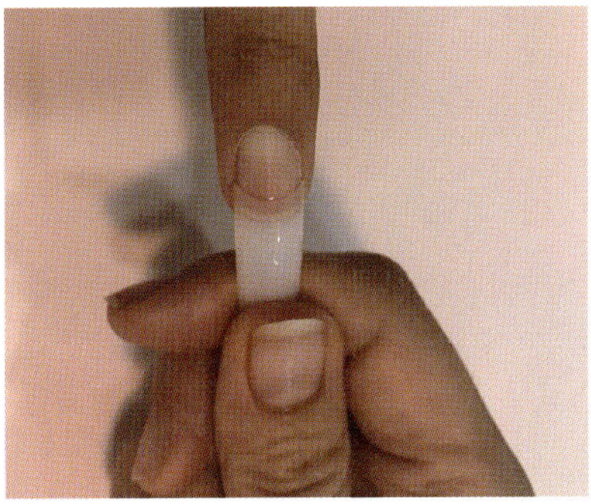

⑧ 네일 팁 접착하기

웰 부분에 글루를 바르고 레귤러 팁을 45°각도로 밀착하여 접착한다.

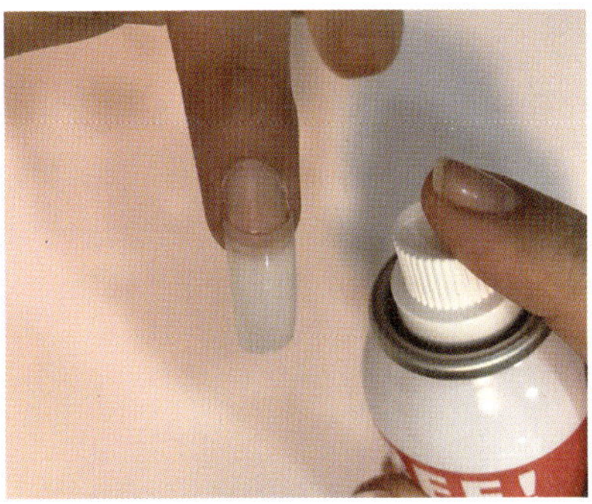

⑨ 글루 드라이 분사하기

글루 드라이는 10cm 이상의 거리에서 약하게 분사하여 고정시킨다.

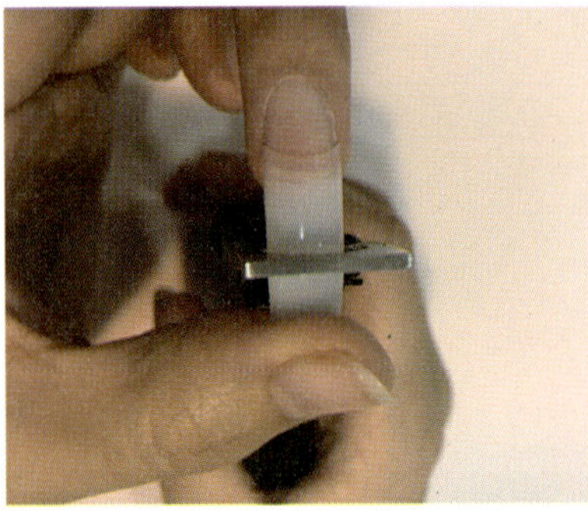

⑩ 길이 조절하기

팁과 팁 커터가 90°가 되도록 맞춰 원하는 길이보다 조금 길게 잘라낸다. 네일 파일을 사용하여 스퀘어 모양을 만든다.

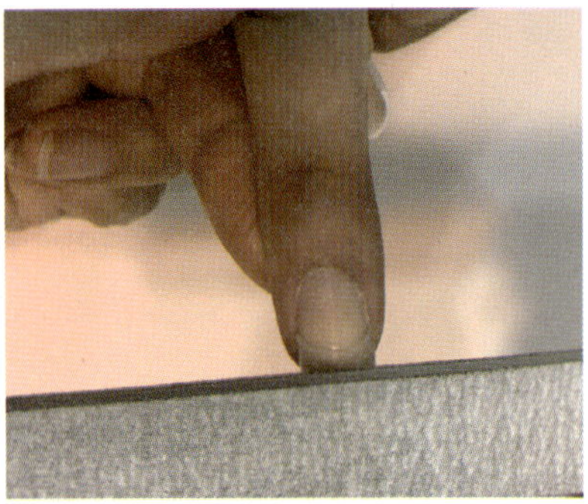

⑪ 네일 팁 턱 제거하기

자연 네일과 매끄럽게 연결되도록 네일 팁 턱을 제거한다.

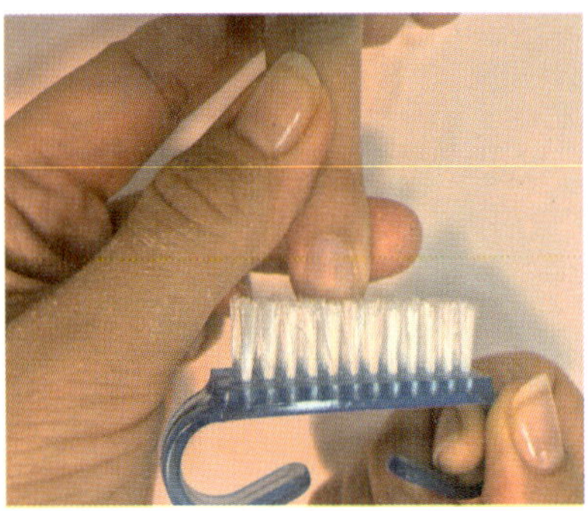

⑫ 분진 제거하기

더스트 브러시를 사용하여 분진을 제거한다.

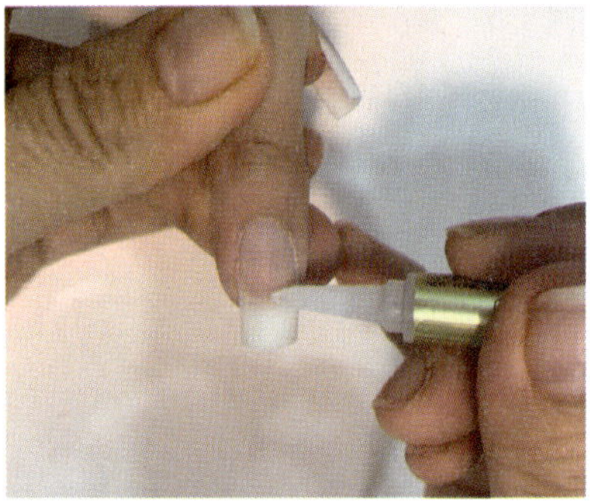

⑬ 글루 바르기

네일 전체에 글루를 꼼꼼하게 바른다.

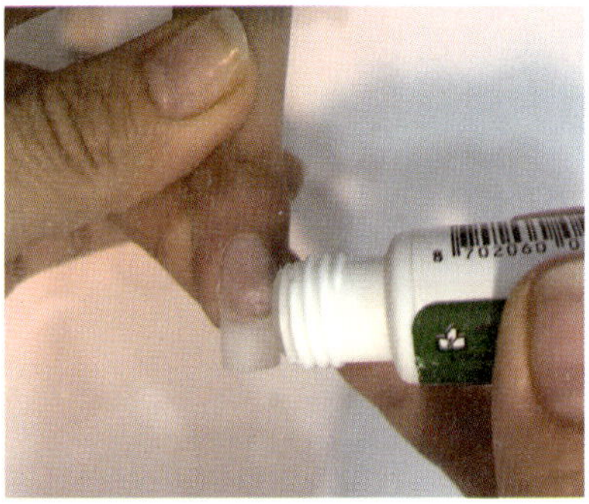

⑭ 필러 파우더 뿌리기

필러 파우더를 네일 팁 턱 제거 부분에 집중적으로 뿌려주고 위아래가 자연스럽게 그러데이션될 수 있도록 한다. 오렌지 우드 스틱으로 주변에 묻은 필러 파우더를 정리한다.

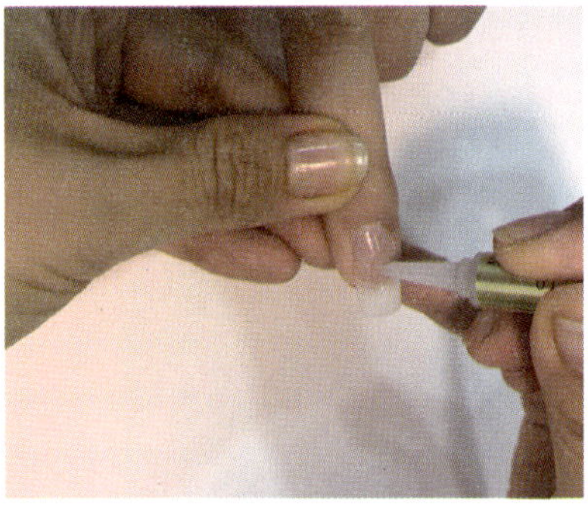

⑮ 글루 바르기

글루가 필러 파우더에 스며들 수 있도록 바른다.

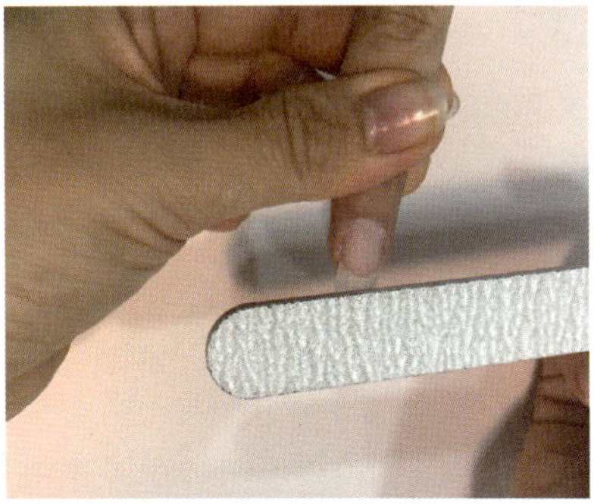

⑯ 표면 정리하기

파일로 표면을 정리한다.

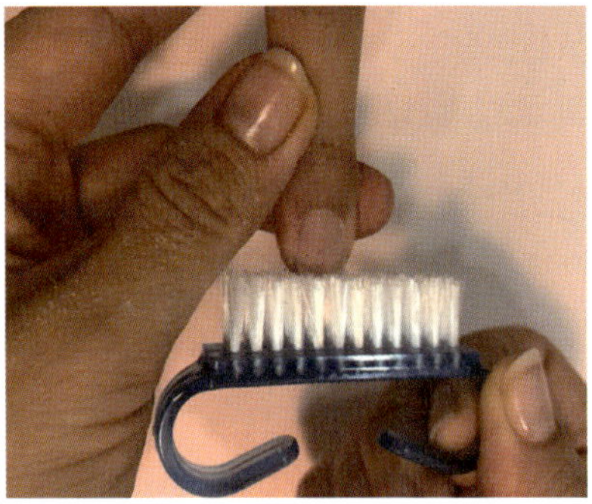

⑰ 분진 제거하기

더스트 브러시를 사용하여 분진을 제거한다.

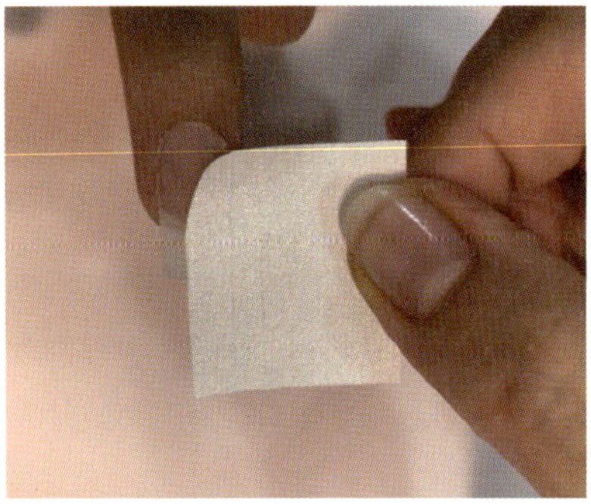

⑱ 네일 랩 재단하기

네일 랩을 큐티클 라인 부분의 코너를 둥글게 재단한다

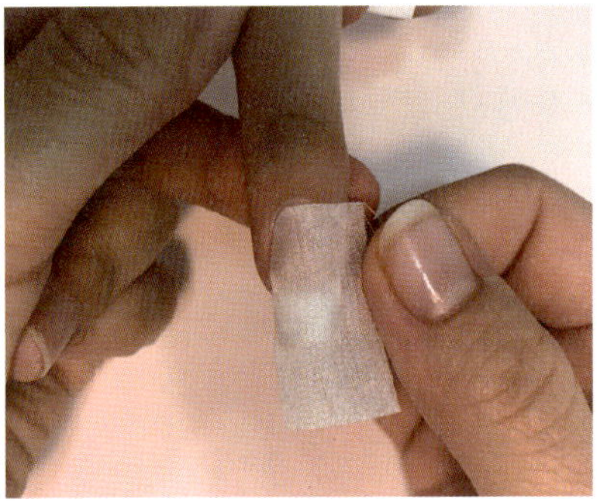

⑲ 랩 접착하기

랩을 큐티클 라인에서 1~2mm 정도 남기고 접착한다.

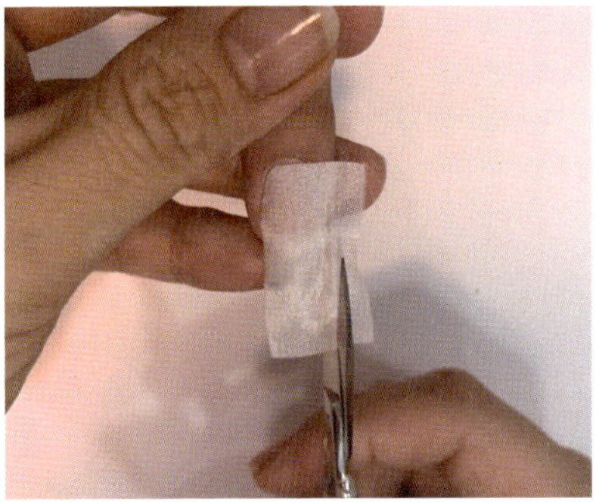

⑳ 랩 재단하기

네일 랩을 큐티클 라인의 왼쪽의 곡선과 동일하게 재단한다.

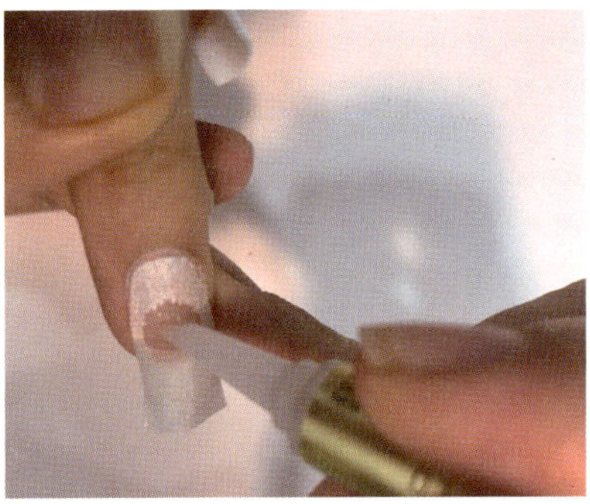

㉑ 글루 바르기

글루를 바르고 랩을 고정한다.

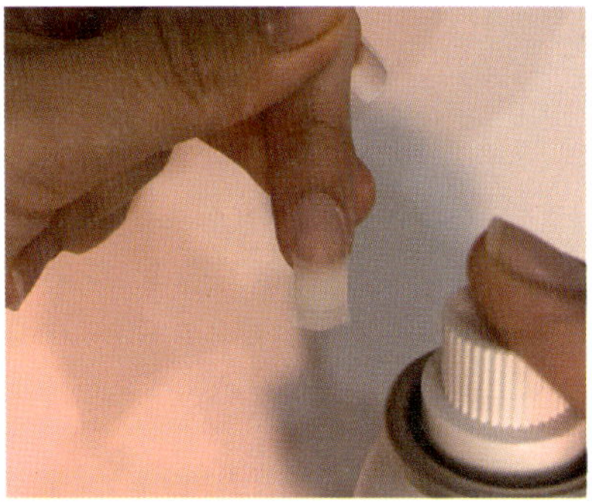

㉒ 글루 드라이 분사하기

10 cm 이상의 거리를 두고 약하게 분사하여 건조시킨다.

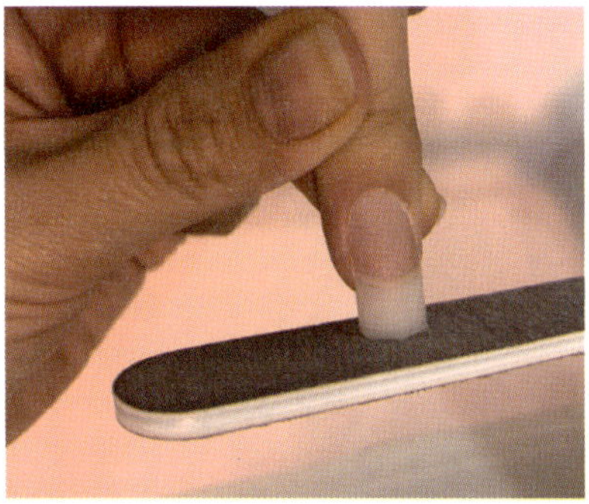

㉓ 길이 조절하기

파일을 사용하여 길이를 조절한다.

㉔ 랩 턱 정리하기

큐티클 라인과 사이드의 랩 턱을 매끄럽게 파일링한다.

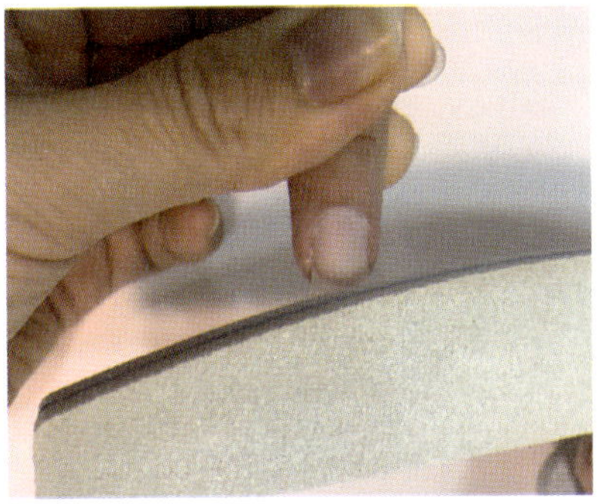

㉕ 표면 샌딩하기

샌딩 파일을 사용하여 네일의 표면을 다듬는다.

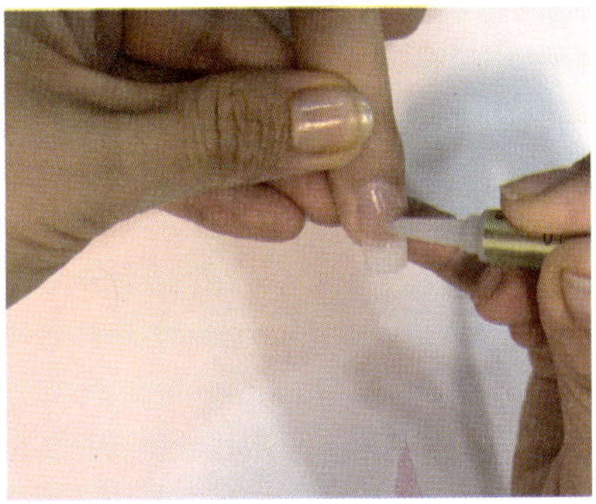

㉖ 글루 바르기

글루를 도포하여 파일링으로 인한 표면의 스크레치를 메워 준다.

㉗ 표면 정리하기

샌딩 파일을 사용하여 네일 표면을 매끄럽게 정리한다.

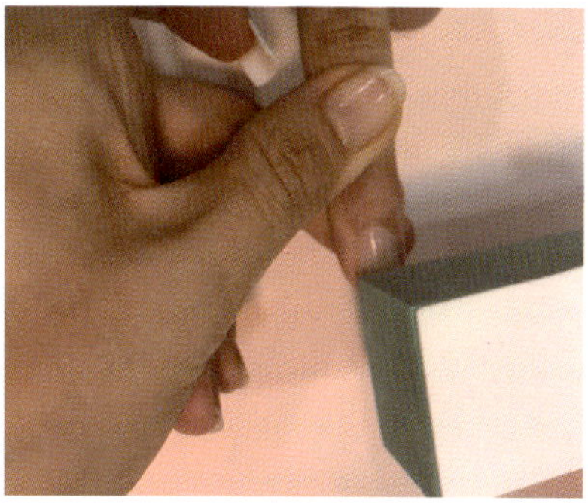

㉘ 광택 내기

광택용 파일을 사용하여 네일의 표면에 광택을 낸다.

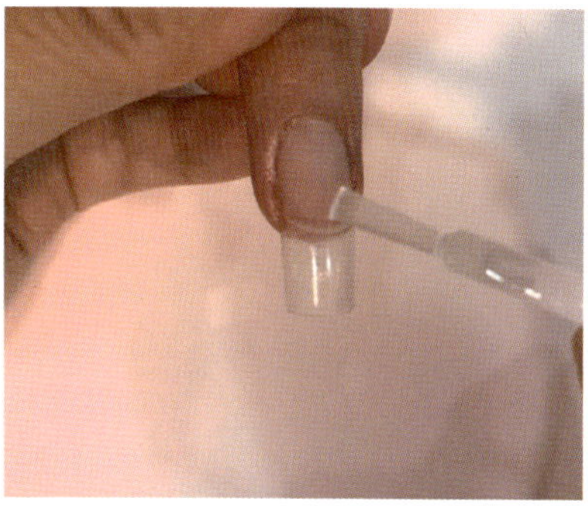

㉙ 큐티클 오일 바르기

큐티클 부분에 큐티클 오일을 바르고 손 전체를 닦아준다.

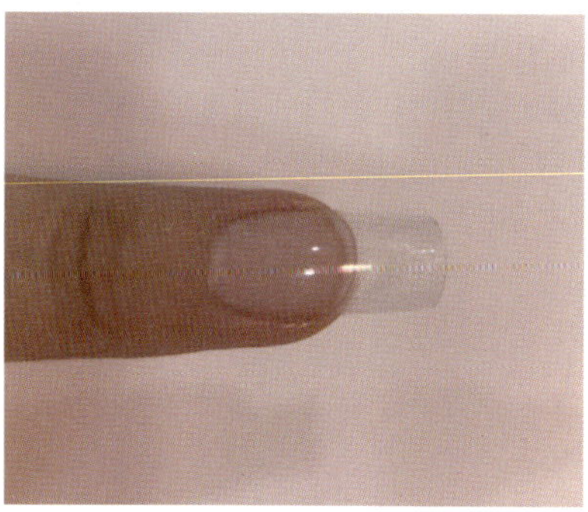

㉚ 완성

3 랩 익스텐션(Wrap Extension)

1) 랩 익스텐션의 정의

인조 네일 팁을 사용하지 않고 네일 랩, 글루, 필러 파우더를 사용하여 네일의 강도를 높이고 네일의 길이를 연장하는 시술 방법이다.

2) 사전 준비

① 테이블을 소독

② 테이블 위에 흰색 타월을 깔고 그 위에 페이퍼 타월 준비

③ 네일 재료들을 바구니에 정리한다.

④ 위생 봉지를 테이블 한쪽에 붙인다.

3) 재료 및 도구

· 실크
· 실크 가위
· 글루 드라이
· 글루
· 젤 글루
· 필러 파우더
· 클리퍼
· 팁 커터기
· 더스트 브러시
· 디자인 패드
· 파일
· 우드파일
· 샌딩파일
· 샌딩블록
· 광파일
· 큐티클 오일

✦ The 알아보기

프리퍼레이션Preparation(자연 네일의 준비)

인조 네일 시술 전에 반드시 해야 하는 전처리 과정으로 자연 네일의 유 · 수분을 제거하여 세균의 번식을 억제하고 인조 네일의 들뜸 현상을 방지하기 위한 사전 작업이다.
인조 네일의 지속력과 접착력을 높여주기 위해 프리퍼레이션 작업은 꼭 필요한 작업이다.

4) 수행순서

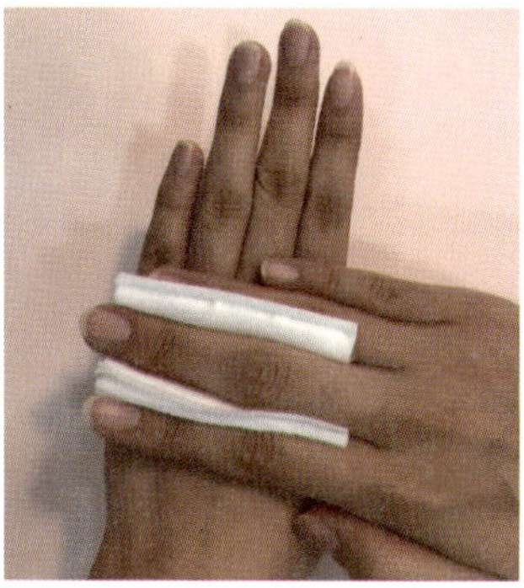

① 시술자 손 소독하기

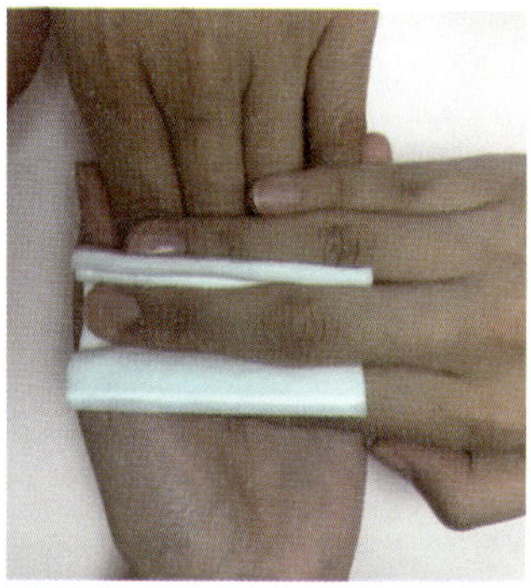

② 고객 손 소독하기

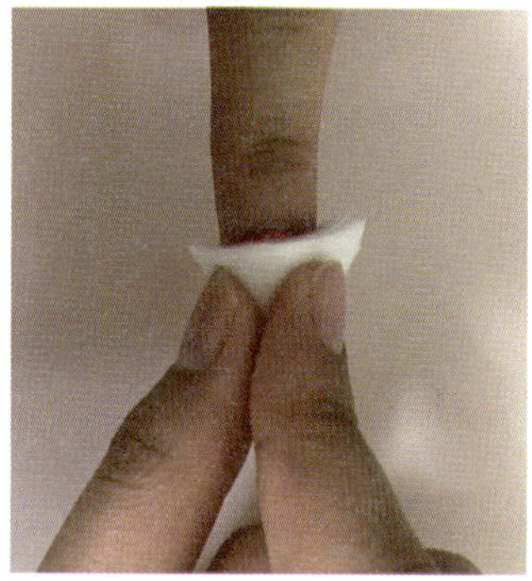

③ 네일 폴리시 제거하기

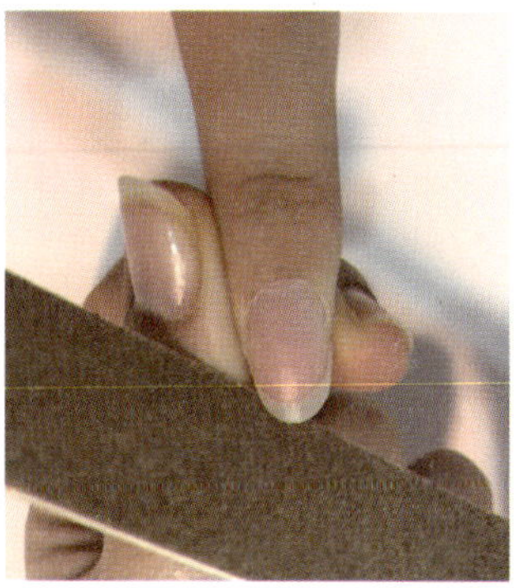

④ 네일 길이 및 모양잡기

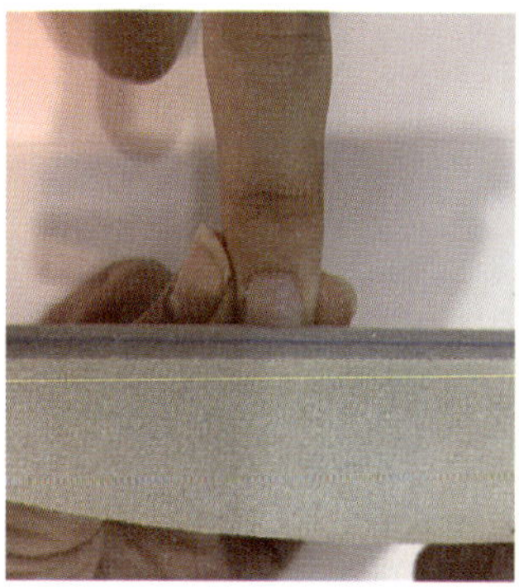

⑤ 표면 샌딩하기

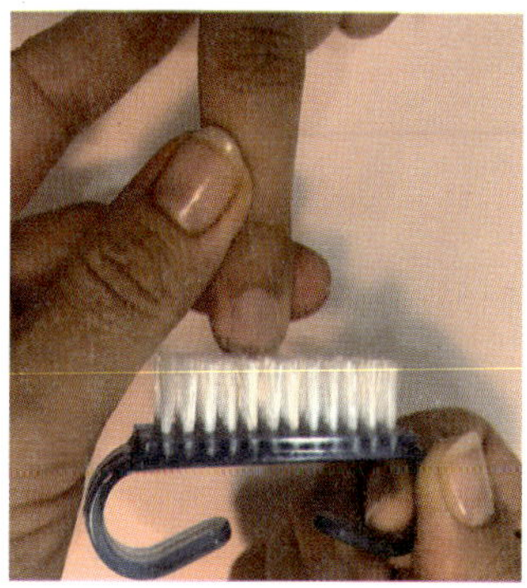

⑥ 분진 제거하기

프리퍼레이션(Preparation, 자연 네일의 준비)

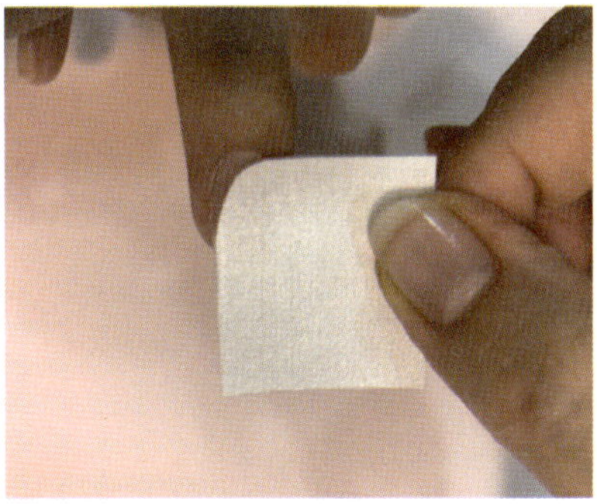

⑦ 랩 재단하기

네일 랩을 큐티클 라인 부분의 곡선과 동일하게 사다리꼴로 재단한다.

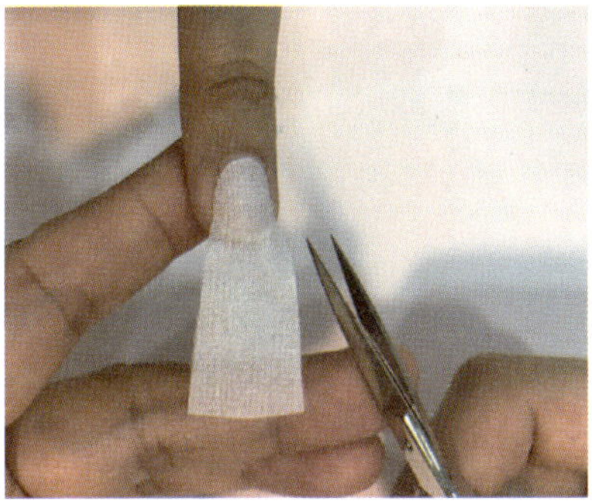

⑧ 랩 접착하기

랩을 큐티클 라인에서 1~2mm 정도 떨어져서 접착하고 양쪽 스트레스 포인트에 맞도록 접착한다.

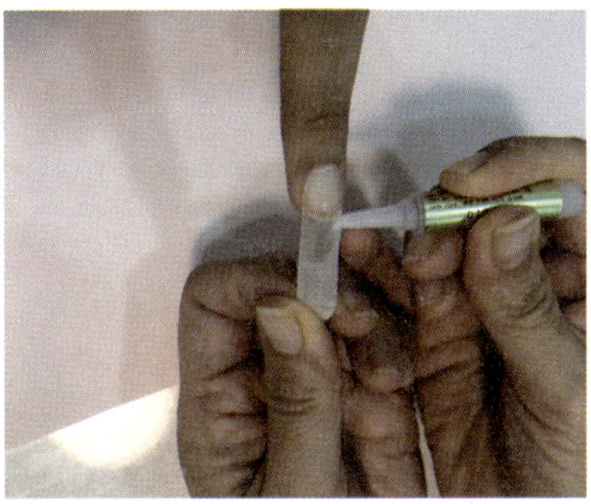

⑨ 글루 도포하기(모양 잡기)

큐티클 라인부터 연장하고자 하는 길이보다 조금 넉넉하게 글루를 도포한다.

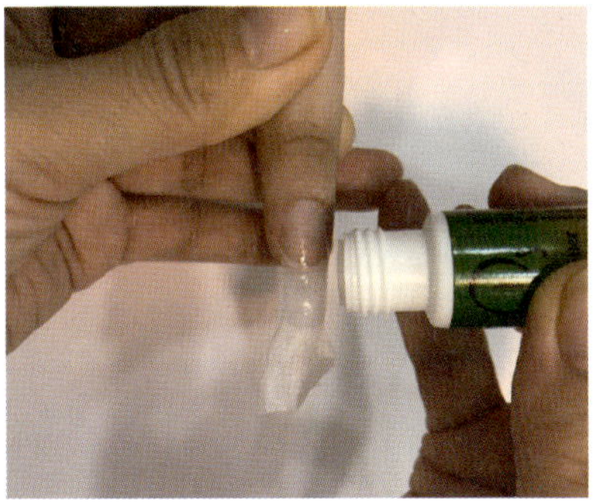

⑩ 필러 파우더 뿌리기

필러 파우더를 랩 연장 부분에 소량씩 뿌려 두께를 조절한다. 글루와 필러 파우더를 2~3회 반복해 가며 c커브를 잡아준다.

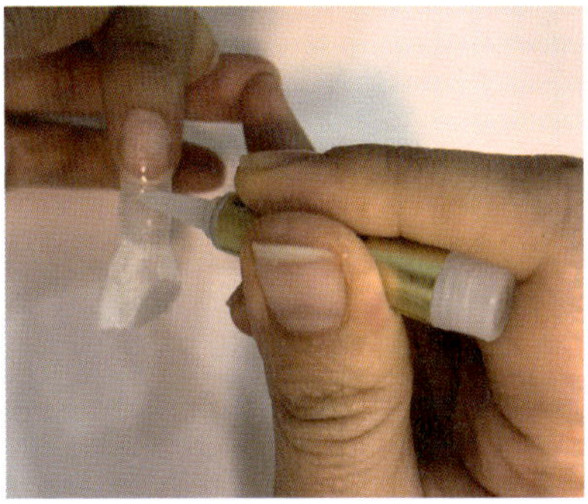

⑪ 글루 도포하기

피부에 있는 필러 파우더를 정리하며 글루가 아래로 흐르도록 도포한다. 글루와 필러 파우더의 양이 1:1 비율이 되도록 조절해 준다.

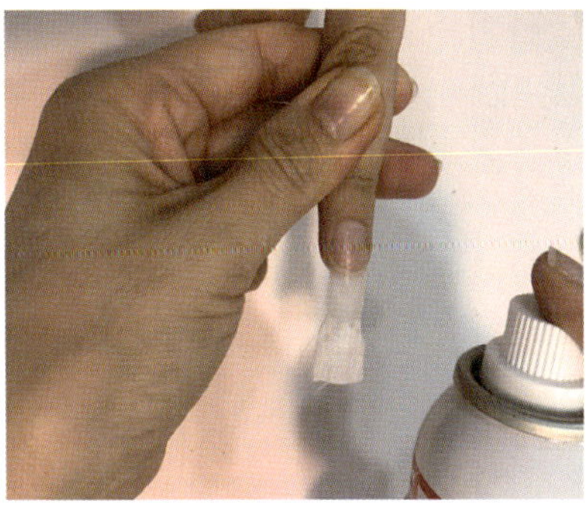

⑫ 글루 드라이 분사하기

10cm 이상의 거리를 두고 약하게 분사하여 건조시킨다. 글루드라이 분사 후 양 쪽 엄지손톱을 이용해 양 스트레스 포인트부터 사이드까지 지그시 누르거나 실크를 잡아 당기면서 C커브를 만들어준다.

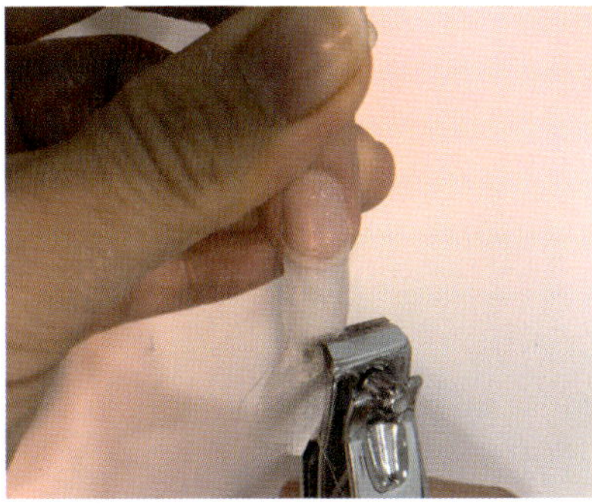

⑬ 길이 조절하기

클리퍼를 사용하여 길이를 조절한다.

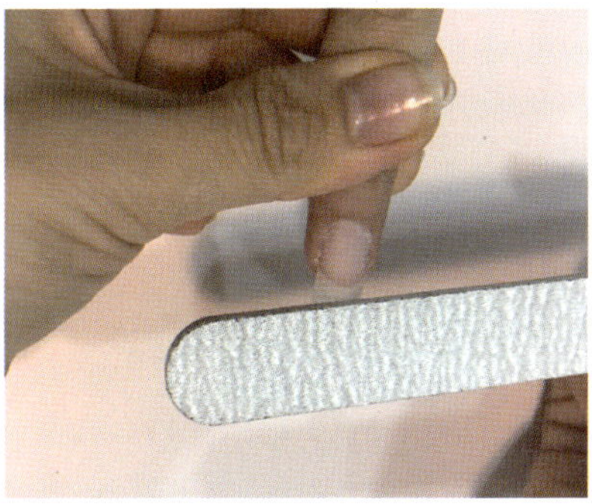

⑭ 표면 파일링하기

파일을 사용하여 랩 턱을 제거하고 스퀘어 모양을 만들며 파일링한다.

⑮ 표면 정리하기

샌딩 파일을 사용하여 매끄럽게 정리한다.

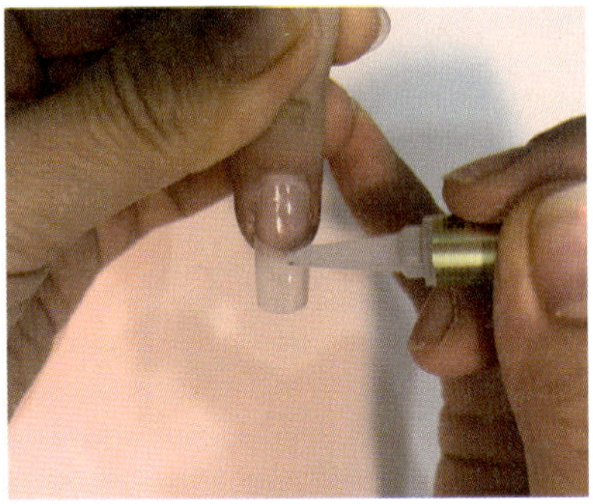

⑯ 글루 도포하기

글루를 도포하여 파일링으로 인한 표면의 스크레치를 메워 준다.

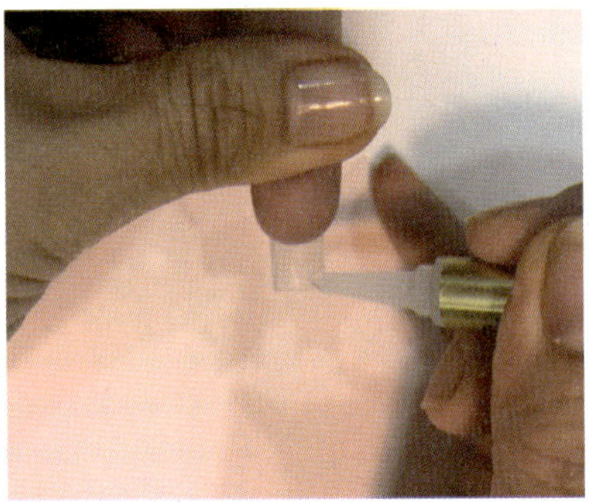

⑰ 글루 도포하기

투명도를 높이기 위해서 손톱을 뒤집어 안쪽의 프리에지까지 글루를 도포한다.

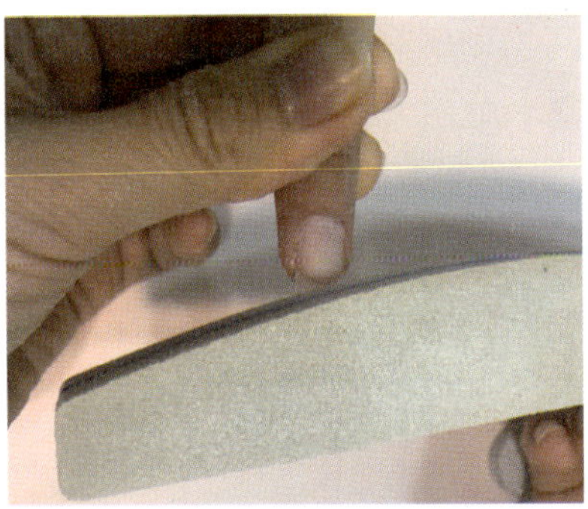

⑱ 표면 정리하기

샌딩 파일을 사용하여 네일 표면을 매끄럽게 정리한다.

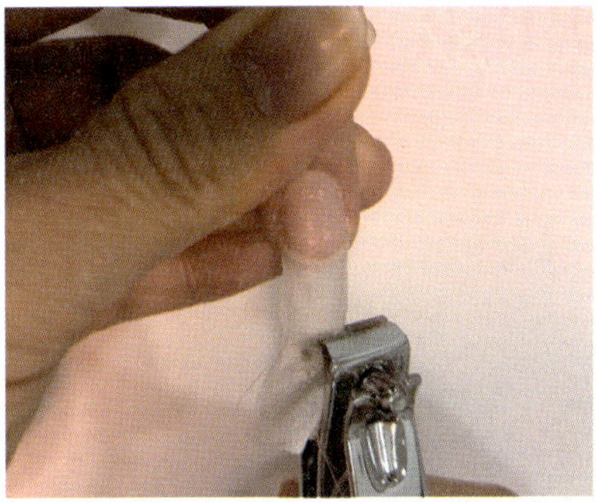

⑲ 분진 제거하기

더스트 브러시를 사용하여 분진을 제거한다.

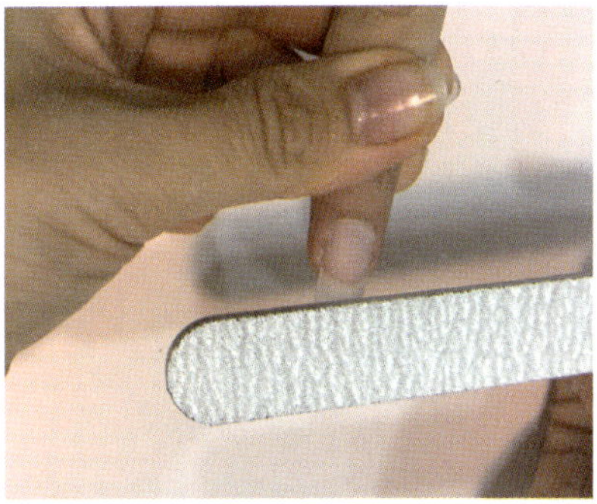

⑳ 광택 내기

광택용 파일을 사용하여 네일의 표면에 광택을 낸다.

㉑ 큐티클 오일 바르고 완성하기

큐티클 부분에 큐티클 오일을 바르고 손 전체를 닦아준다.

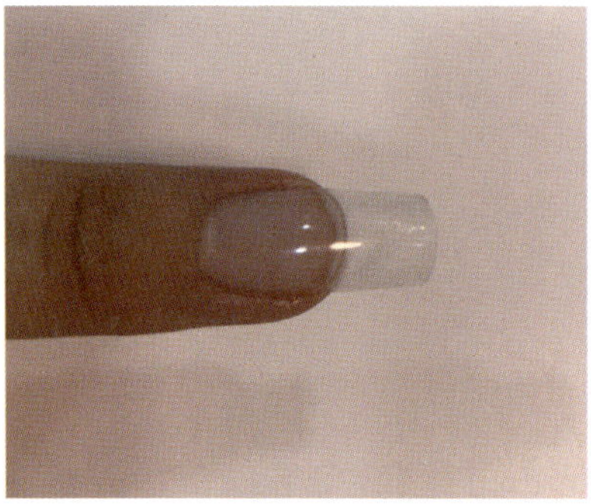

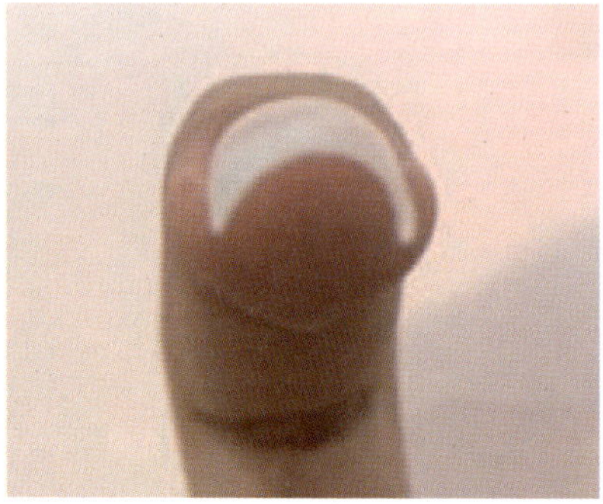

㉒ 완성

4

Gel Nail

젤 네일

젤 네일은 아크릴릭 네일과 화학적으로 비슷한 밀도를 가지고 있지만 별도의 응고제인 카탈리스트(Catalyst)가 필요하며 인조 네일의 강도를 높이거나 네일의 길이를 연장하기 위해 사용한다.

1 젤의 이해

1) 젤 네일 시스템

(1) 올리고머(Oligomer)

2개 이상의 분자 화합물이 결합한 저분자 · 중분자의 화합물로 점성이 있고 반응이 완료되지 않은 물질이다.

(2) 폴리머(Polymer)

올리고머가 빛의 반응에 의해서 고체로 변화하여 완성된 젤 네일인 고분자 화합물 폴리머가 되는데, 이때 완성된 젤 네일을 말한다.

(3) 개시제

광원으로부터 에너지를 흡수하여 중합 반응을 개시시키는 물질이다. 젤에 첨가되어 있는 광중합 개시제에 따라 젤 램프기기(UV, LED)의 종류가 달라진다.

2) 젤 네일의 분류

(1) 라이트 큐어드 젤(Light cured Gel)

특수한 빛에 노출시켜 젤을 응고시키는 방법이다.

(2) 노 라이트 큐어드 젤(No Light cured Gel)

물에 담그거나 젤 활성액(Activator)을 사용해 젤을 응고시키는 방법이다.

3) 젤 네일의 특성

① 투명도가 뛰어나고 광택이 오래 유지된다.

② 젤 램프기기에 큐어링하기 전까지는 원하는 모양을 자유롭게 만들 수 있다.

③ 유연성이 좋고 리프팅이 잘 일어나지 않는다.

④ 파일링이 쉽고 작업 시간도 단축된다.

⑤ 손톱이 약하거나 상처가 있을 경우 큐어링 시 뜨거움을 느낄 수 있는데 그럴 경우 젤 램프 기기에서 손톱을 빼서 눌러주거나 짧게 여러 번 큐어링한다.

4) 젤 네일 제품

(1) 젤 램프기기

UV, LED 전구가 빛을 발산하여 젤을 굳게 만드는 기계를 말한다.

젤 램프기기는 모양과 크기가 다양하고 장착된 램프의 개수에 따라 경화하는 속도와 강도가 다르므로 적절한 젤 램프기기를 선택하여 사용한다. 자외선은 UV-A, UV-B, UV-C가 있으며, UV 램프에 사용되는 광선은 파장이 약 320~400 nm인 UV-A 자외선이며, LED 램프에 사용되는 광선은 파장이 약 400~700 nm인 가시광선이다.

UV와 LED 젤 램프기기 비교

구분	UV 젤 램프기기	LED 젤 램프기기
파장	UV-A 약 320~400 nm	약 400~700 nm
수명	램프 교체(1,000시간)	반영구적(40,000~120,000시간)
특징	자외선 차단제 사용을 권장	자외선 차단제 사용하지 않음

✦ The 알아보기

램프 교체 시기

- 젤 네일의 광택이 떨어질 경우
- 경화 속도가 떨어질 경우
- 전구램프가 깜빡거릴 경우

(2) 젤 본더(전 처리제)

자연 네일의 유분과 수분을 제거해 젤이 자연 네일에 잘 접착될 수 있는 상태를 만들어준다.

- **프리 프라이머** : 자연 네일의 유분과 수분을 제거
- **프라이머** : 강산성으로 접착제 역할

(3) 젤 브러시

젤 오버레이, 젤 익스텐션, 젤 아트를 할 때 사용하며 용도에 따라 구분한다.

5) 젤 용어

(1) 프리퍼레이션(Preparation)

젤 네일을 시술하기 전에 미리 행하는 전처리 과정을 전문용어로 '프리퍼레이션'이라고 한다. 즉 준비단계를 말한다. 우선 젤이 자연 손톱과 분리되는 리프팅 현상을 막기 위한 에칭과 손톱 표면에 스크래치를 내어 젤이 잘 접착될 수 있도록 한다.

(2) 큐어링(Curing)

우리 말로 굳는다는 의미의 '경화시키다'라는 뜻을 가지고 있다. 젤은 일반 네일 폴리시처럼 자연 건조가 되지 않는 제품으로 반드시 젤 램프를 통해 큐어링 과정을 거쳐야 한다.

(3) 미경화 젤(Uncured Gel)

젤 시술 시 큐어링 한 후 네일 위에 남아 있는 끈적거림 즉, 경화되지 않은 젤을 말한다. 미경화 젤을 제거하지 않을 경우 광택과 지속력이 약화되며 젤 아트의 효과적인 구현이 어렵기 때문에 큐어링을 한 후 젤 클리너를 이용해 미경화젤을 제거한다.

(4) 히팅 현상(Heating)

큐어링 시 젤이 수축하면서 네일이 뜨거워지는 현상으로 네일이 손상되었거나 한 번에 많은 양의 젤을 올릴 경우 심하게 나타난다. 히팅 현상을 줄이기 위해서는 젤을 2~3회에 걸쳐 얇게 나누어 올려주는 것이 좋다.

(5) 셀프레벨링(Self-Leveling)

젤이 스스로 퍼지는 현상을 전문 용어로 '셀프레벨링'이라고 한다. 젤은 바르고 일정 시간이 지나면 셀프레벨링을 통해 서로 응집하면서 자체적으로 표면을 매끄럽게 만들어 준다.

(6) 속 오프(Soak-Off)

속 오프 젤 제거 시 아세톤 원액 혹은 젤 리무버를 이용해 녹여서 제거하는 방법이다. 녹인 후 남아 있는 잔여물은 우드스틱이나 푸셔 등으로 깨끗하게 제거한다.

2 젤 원톤 스컬프처(Gel One Tone Sculpture)

1) 젤 원톤 스컬프처의 정의

네일 팁을 부착하지 않고 클리어 젤과 네일 폼, 젤 램프기기를 사용하여 네일의 길이를 연장하는 시술 방법이다.

2) 사전 준비

① 테이블을 소독

② 테이블 위에 흰색 타월을 깔고 그 위에 페이퍼 타월 준비

③ 네일 재료들을 바구니에 정리한다.

④ 위생 봉지를 테이블 한쪽에 붙인다.

3) 재료 및 도구

· 베이스 젤
· 탑 젤
· 젤 클리너
· 젤 브러시
· 클리어 젤
· 네일 폼
· 젤 램프기기
· 실크 가위
· 더스트 브러시 파일
· 우드파일
· 샌딩파일
· 오렌지 우드스틱
· 샌딩블록
· 광파일
· 디자인 패드

✦The 알아보기

프리퍼레이션Preparation(자연 네일의 준비)

인조 네일 시술 전에 반드시 해야 하는 전처리 과정으로 자연 네일의 유 · 수분을 제거하여 세균의 번식을 억제하고 인조 네일의 들뜸 현상을 방지하기 위한 사전 작업이다.
인조 네일의 지속력과 접착력을 높여주기 위해 프리퍼레이션 작업은 꼭 필요한 작업이다.

4) 수행순서

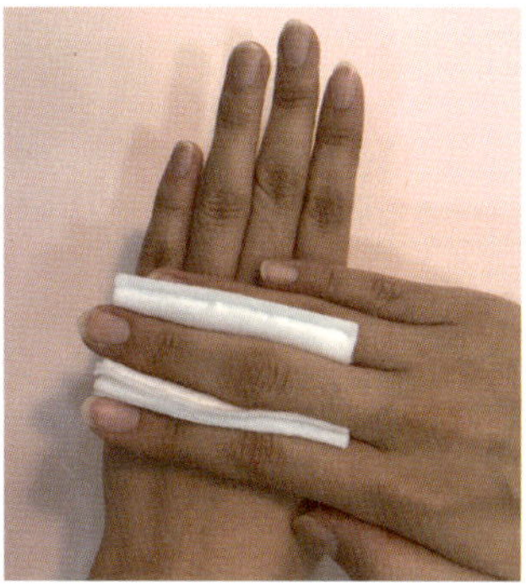

① 시술자 손 소독하기

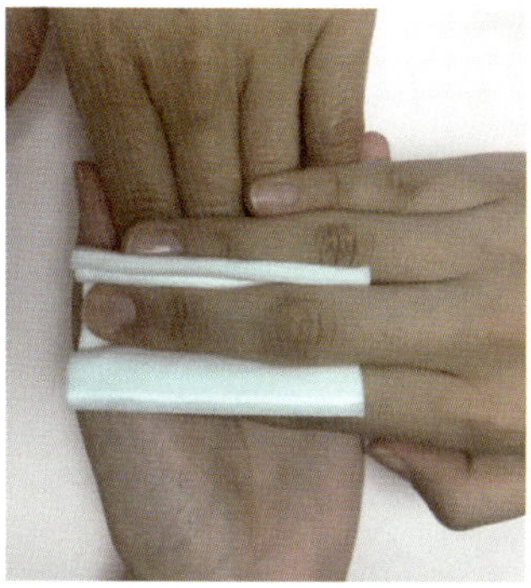

② 고객 손 소독하기

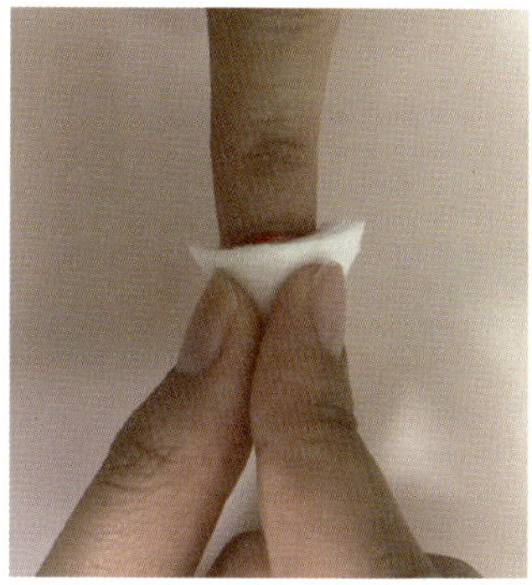

③ 네일 폴리시 제거하기

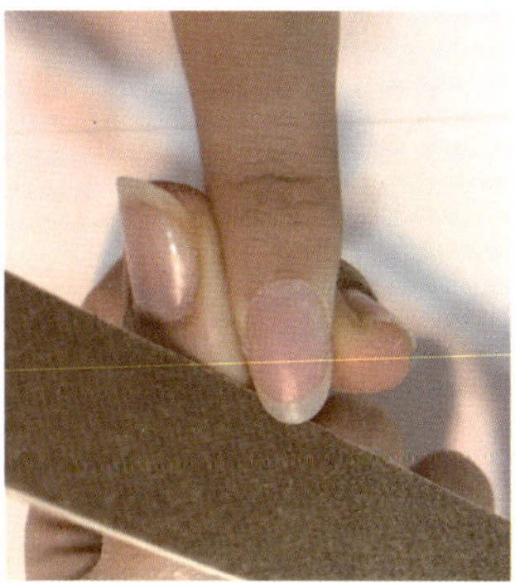

④ 네일 길이 및 모양잡기

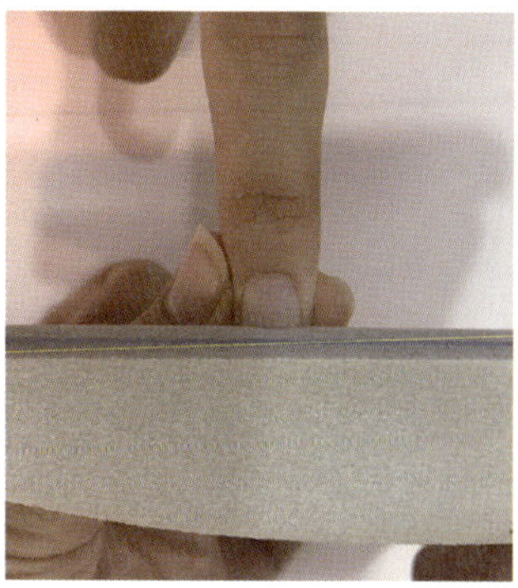

⑤ 표면 샌딩하기

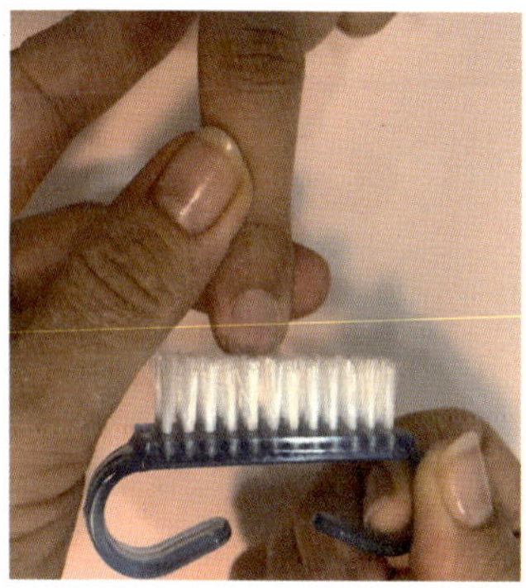

⑥ 분진 제거하기

프리퍼레이션(Preparation, 자연 네일의 준비)

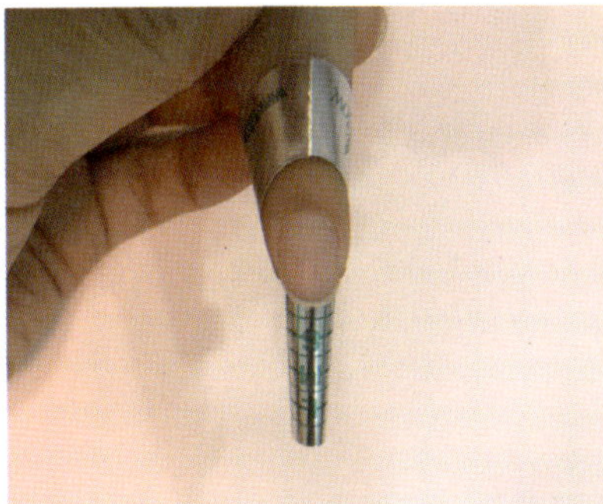

⑦ 네일 폼 끼우기

자연 네일과 네일 폼 사이에 공간이 없어야 하며 폼이 수평을 이루어야 한다.

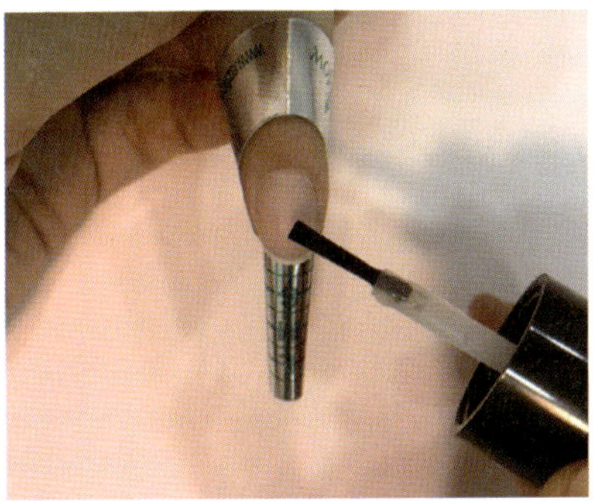

⑧ 프라이머 바르기

자연 네일에 프라이머를 소량 도포한다.

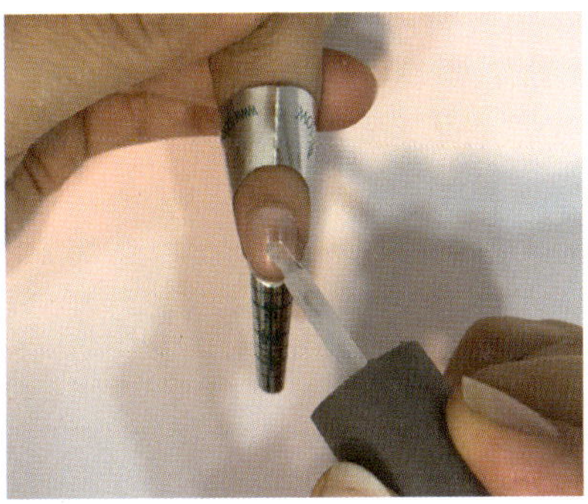

⑨ 베이스 젤 바르기

피부에 닿지 않게 베이스 젤을 바른다.

⑩ 큐어링 하기

젤 램프에 베이스 젤을 경화시킨다.

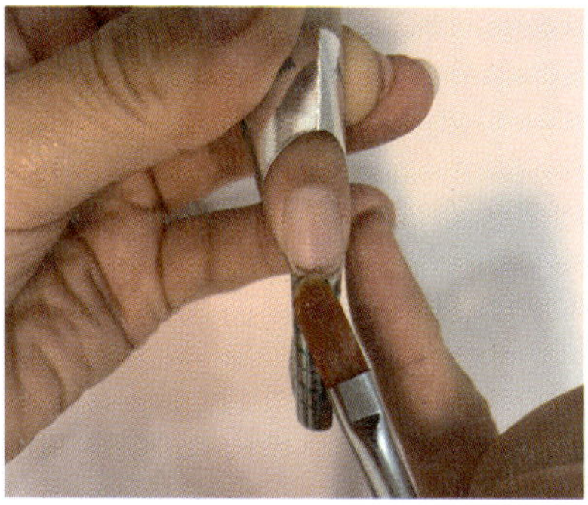

⑪ 클리어 젤 올리기 – 1

클리어 젤을 사용하여 프리에지 부분에 젤을 올리고 길이를 연장한다.

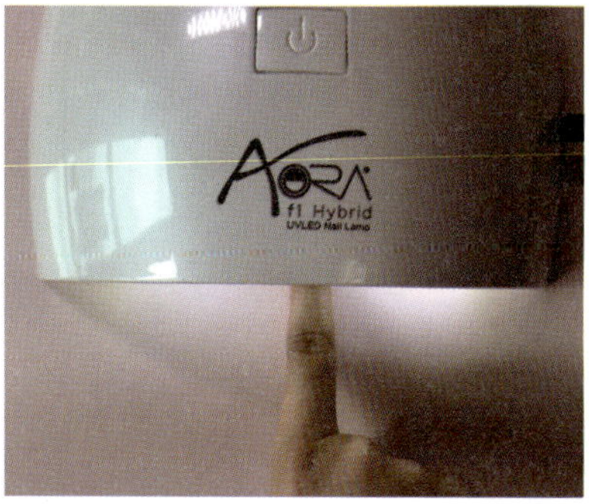

⑫ 큐어링 하기

젤 램프에 클리어 젤을 경화시킨다.

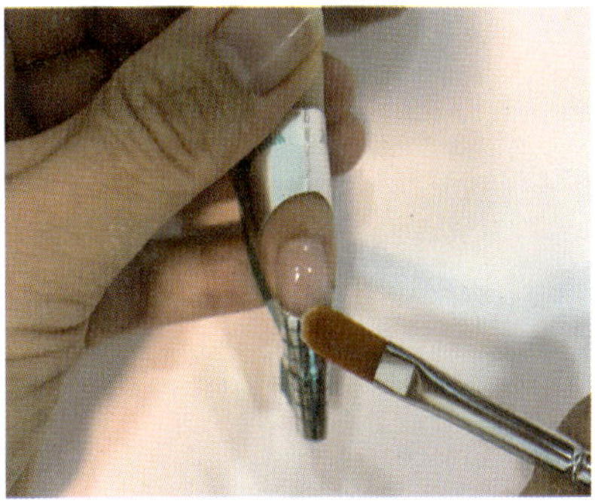

⑬ 클리어 젤 올리기 – 2

클리어 젤을 자연 네일에 올려 큐티클 라인과 하이포인트를 고려하여 프리에지와 연결한다.

⑭ 큐어링하기

젤 램프에 클리어 젤을 경화시킨다.

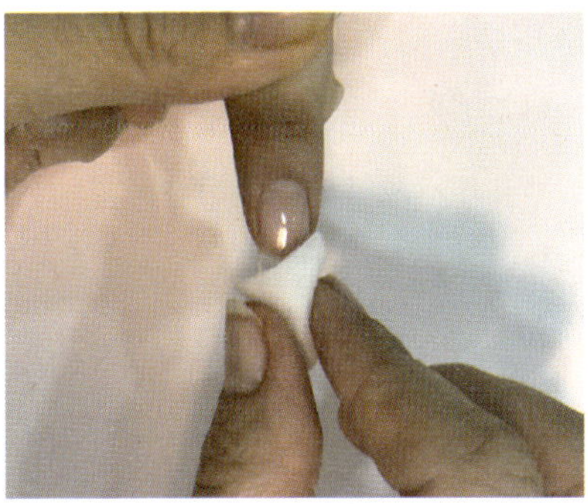

⑮ 젤 클리너로 닦아내기

큐어링 후 젤의 끈적이는 미경화 젤을 젤 클리너로 닦아주면서 사이드에 핀칭을 준다.

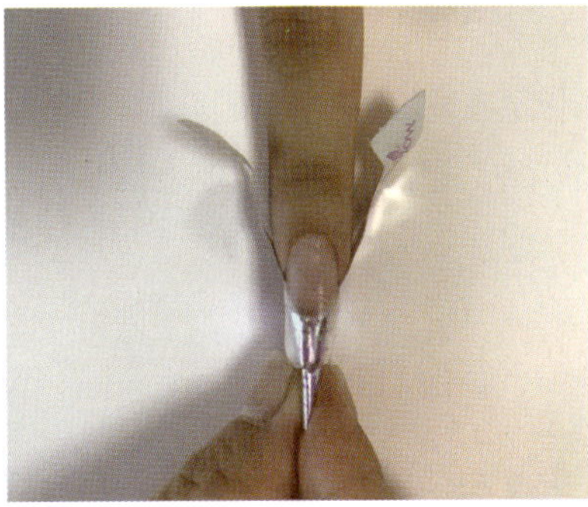

⑯ **폼 제거하기**

프리에지 부분의 네일 폼을 아래 방향으로 떼어 낸다.

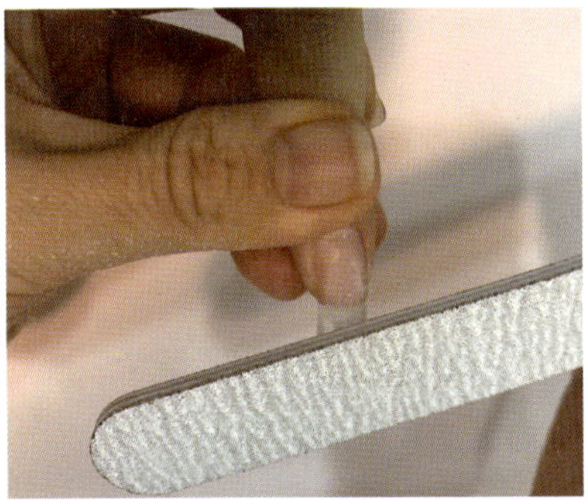

⑰ **표면 파일링하기**

파일을 사용하여 스퀘어 모양을 만들고 표면을 매끄럽게 파일링한다.

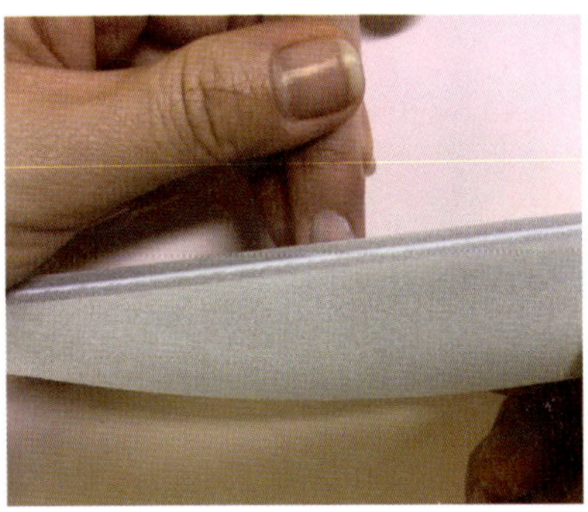

⑱ **표면 정리하기**

샌딩 파일을 사용하여 매끄럽게 정리한다.

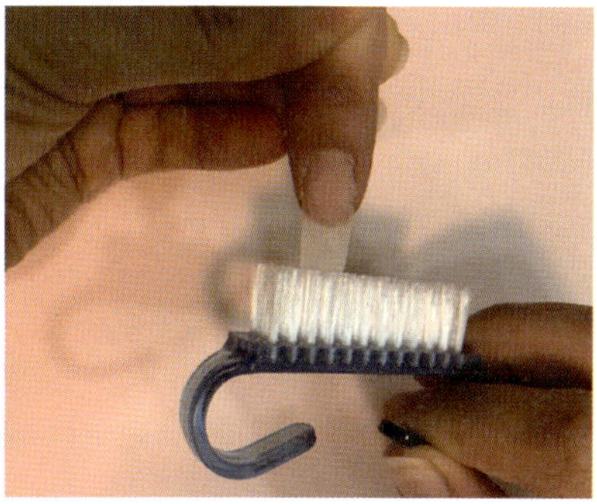

⑲ 분진 제거하기

더스트 브러시를 사용하여 분진을 제거한다.

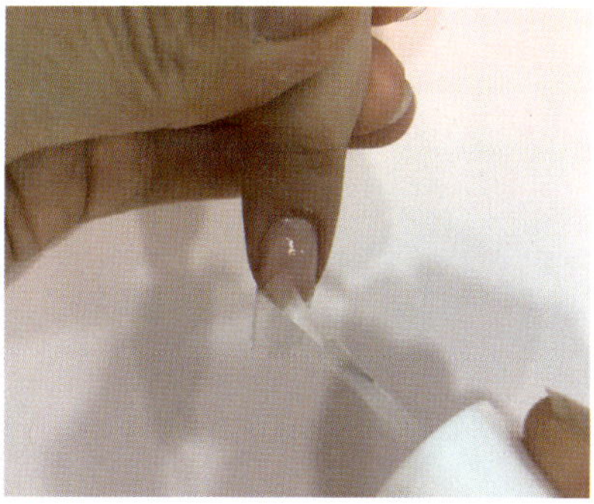

⑳ 탑 젤 바르기 → 큐어링 하기

마무리 단계로 탑 젤을 바르고 젤 램프에서 큐어링한다.

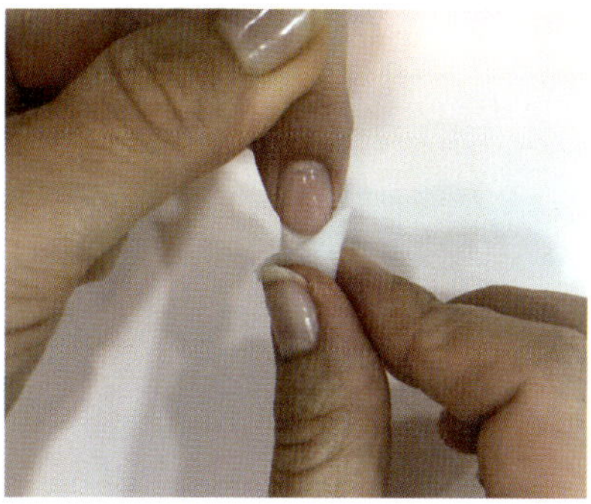

㉑ 젤 클리너로 닦아주기

큐어링 후 젤 클리너를 이용하여 끈적이는 미경화 젤을 닦아준다.

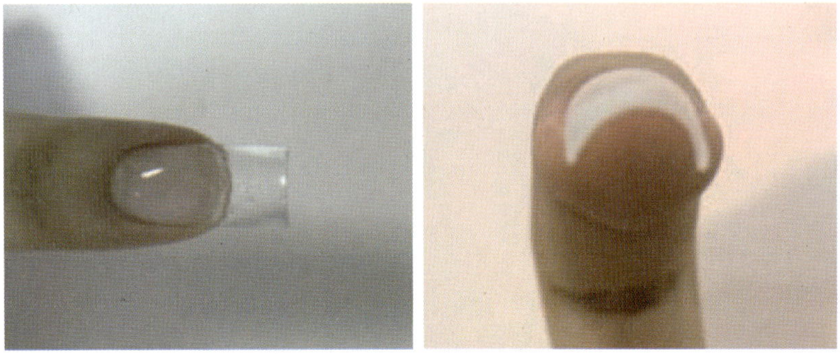

㉒ 완성

5

Acrylic Nail
아크릴릭 네일

아크릴릭 네일은 액상의 아크릴릭 리퀴드(Acrylic Liquid)와 분말의 아크리릭 파우더(Acrylic Powder)의 적절하게 혼합하여 인조 네일의 강도를 높이거나 네일의 길이를 연장하기 위해 사용한다.

1 아크릴릭의 이해

1) 아크릴의 화학 물질

(1) 아크릴 리퀴드(Monomer/모노머)

- 액상 타입으로 리퀴드를 말한다.
- 강도 및 경화 속도를 조절하는 액체
- **주성분** : M.M.A, E.M.A에 첨가제를 투입

E.M.A 에틸 메타크릴레이트 (Ethyl Methacrylate)	M.M.A 메틸 메타크릴레이트 (Methyl Methacrylate)
· 강도가 약하고 경화 속도가 느림 · 고가의 원료	· 강도가 강하고 경화속도가 빠름 · 규제물질로 독성이 있고 사용금지 물질 · 지속적인 사용 시 손톱에 치명적인 손상 초래 · 저가 원료

(2) 아크릴 파우더(폴리머Polymer)

- 분말 상태의 파우더로 아크릴이 단단하게 만들어진 상태
- **주성분** : 리퀴드와 마찬가지로 M.M.A 또는 E.M.A로 구성
- 단독으로 경화되지 않고 모노머인 아크릴 리퀴드와 결합하여 경화

(3) 카탈리스트(Catalyst)

- 카탈리스트는 촉매제로 아크릴을 빨리 굳게 하는 작용을 한다.
- 아크릴의 양에 따라 굳는 속도를 조절할 수 있다.
- 분말 형태의 아크릴 파우더는 폴리머와 카탈리스트이다.

2) 아크릴 브러시

아크릴 브러시의 재질은 족제비과의 담비 꼬리털을 사용한다. 세이블과 합성모를 섞어서 사용하기도 하며 털의 강함과 유연함을 겸하기 위해 천연모와 합성모를 섞어서 만들기도 한다. 좋은 브러시는 붓 끝이 뾰족하고 잘 모아지고 갈라지지 않고 가지런히 정리되는 브러시라 할 수 있다.

(1) 브러시 모의 구조와 명칭

- **브러시 앞 부분**(Tip) : 큐티클 라인, 프렌치 스컬프처의 스마일 라인, 작은 꽃 등 미세한 작업에 주로 사용한다.
- **브러시 중간 부분**(Belly) : 전체적인 균형을 맞추기 위해 제품을 움직여 형태를 고르게 펼 때 또는 부드럽게 쓸어내릴 때 사용한다.
- **브러시 끝 부분**(Back) : 힘을 주어 길이를 조절하거나 더 이상 움직이는 것을 원치 않을 때 사용한다.

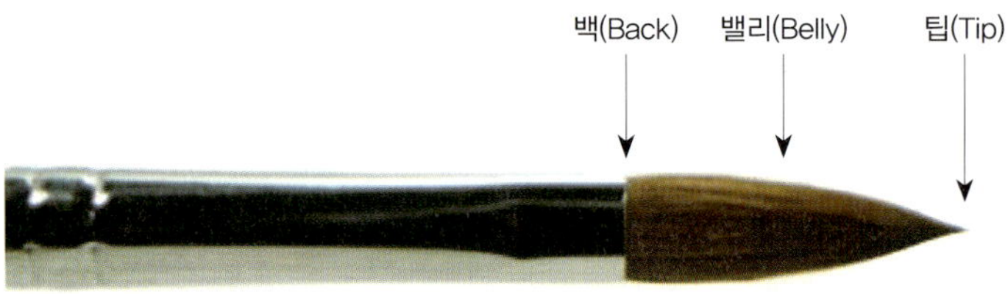

네일 팁의 크기별 분류

(2) 브러시 적용

아크릴 시술 시 아크릴 볼을 올리고 펴 내릴 때 네일의 부위에 맞게 브러시를 사용하도록 한다.

- **프리에지 부분** : 브러시 끝부분을 −10° 정도의 기울기로 자연스럽게 만들어 준다. 볼이 너무 묽을 경우 많이 흘러내리므로 적당한 건조가 이루어졌을 때 브러시로 펴주면서 모양을 만들어 준다.
- **네일 베드 부분** : 브러시의 중간 부분을 사용하여 적당한 하이포인트를 형성하며 만들어 준다. 지나치게 브러시 앞부분을 사용할 경우 표면이 고르지 못하여 과도한 파일링의 원인이 된다.
- **큐티클 라인** : 브러시 앞부분을 사용하여 45° 정도의 기울기로 큐티클 라인을 넘지 않도록 한다. 브러시의 리퀴드 양이 많을 경우 볼이 묽어져 번지기 쉬우므로 주의한다.

(3) 브러시 세척

- 브러시를 리퀴드에 담그고 충분히 닦아준다
- 브러시를 브러시 크리너에 담그고 파우더를 녹여준다

(4) 브러시 보관

- 브러시 사용 후 리퀴드에 브러시를 헹구어 페이퍼 타월에 여러번 닦아준다.
- 브러시 끝을 가지런히 모아주고 브러시 뚜껑을 덮어 브러시 끝을 아래로 세워 보관한다.

(5) 네일 폼

네일 폼은 스컬프처 네일 시술 시 손톱 밑에 끼워 네일 프리에지의 모양을 만들고 길이를 연장하는 틀이다. 네일 폼은 종이 재질인 종이 폼, 비닐 재질인 비닐 폼, 메탈 재질인 메탈 폼으로 나뉘고 일반적으로 손가락에 끼워 붙여서 고정하는 1회용 스티커 폼을 사용한다.

(6) 네일 폼 적용 방법

- **종이 폼을 준비** : 네일 폼을 준비하고 가운데에 있는 타원형의 부분을 떼어 내 네일 폼 뒷면에 붙인다.
- **네일 폼을 수평으로 장착** : 네일 폼을 손톱 모양으로 구부려 시술한 프리에지(손톱 끝) 밑에 끼운다.
- 네일 폼의 방향이 손가락과 평행이 되도록 유지한다.
- 손가락과 손톱의 방향이 휘어졌을 경우 전체 손가락 방향에 맞추도록 한다.
- 너무 세게 밀어 손톱 밑의 피부(하이포니키움)에 손상이 가지 않도록 주의한다.
- 손톱과 네일 폼 사이에 틈이 생기지 않도록 고정한다.

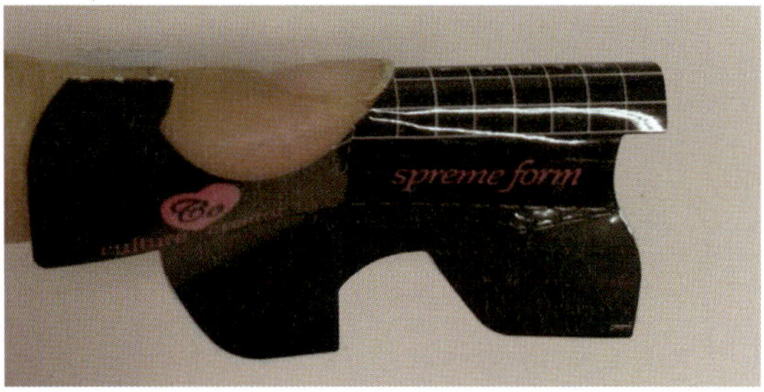

네일 폼 수평으로 장착

2 원 톤 스컬프처(One Tone Sculpture)

1) 아크릴 원톤 스컬프처 정의

아크릴 클리어 파우더와 리퀴드를 믹스처(Mixture)하여 프리에지 모양을 만들고 네일 바디부분을 오버레이해서 네일의 길이를 연장하는 시술 방법이다.

2) 사전 준비

① 테이블을 소독

② 테이블 위에 흰색 타월을 깔고 그 위에 페이퍼 타월 준비

③ 네일 재료들을 바구니에 정리한다.

④ 위생 봉지를 테이블 한쪽에 붙인다.

3) 재료 및 도구

· 아크릴릭 리퀴드
· 리퀴드 볼
· 클리어 파우더
· 브러시
· 네일 폼
· 실크 가위
· 프라이머
· 큐티클 오일
· 파일
· 우드파일
· 샌딩파일
· 샌딩블록
· 광파일
· 더스트 브러시

✦ The 알아보기

프리퍼레이션Preparation(자연 네일의 준비)

인조 네일 시술 전에 반드시 해야 하는 전처리 과정으로 자연 네일의 유 · 수분을 제거하여 세균의 번식을 억제하고 인조 네일의 들뜸 현상을 방지하기 위한 사전 작업이다.
인조 네일의 지속력과 접착력을 높여주기 위해 프리퍼레이션 작업은 꼭 필요한 작업이다.

4) 수행순서

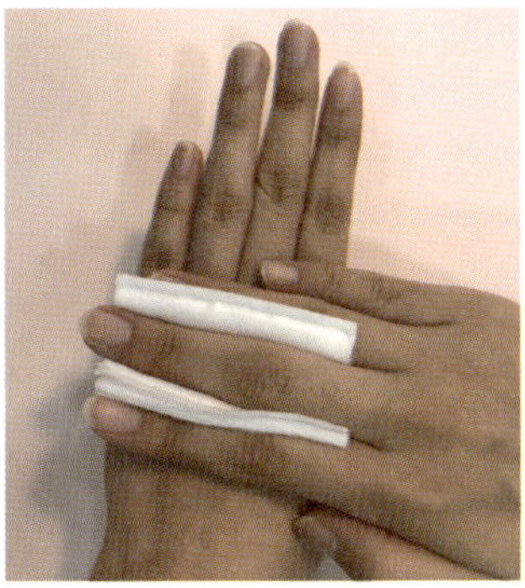

① 시술자 손 소독하기

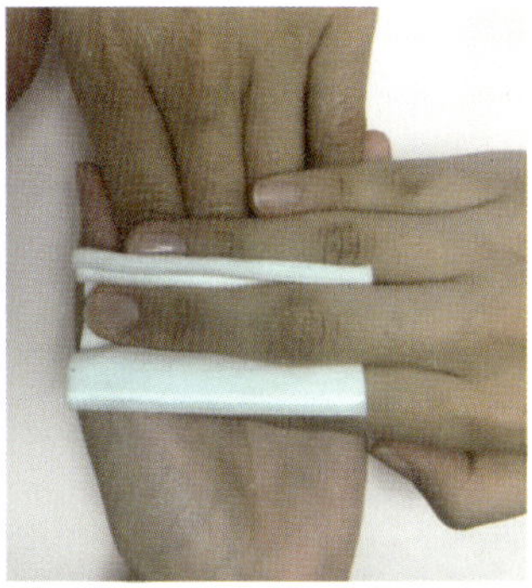

② 고객 손 소독하기

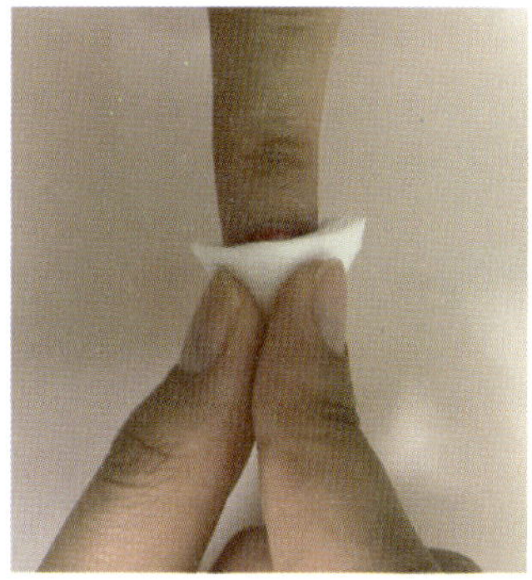

③ 네일 폴리시 제거하기

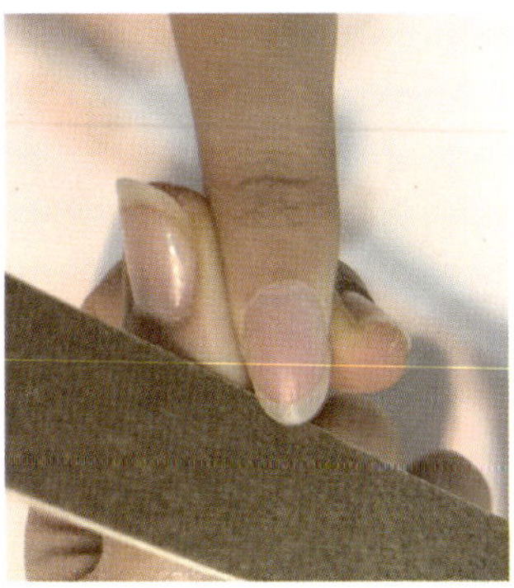

④ 네일 길이 및 모양잡기

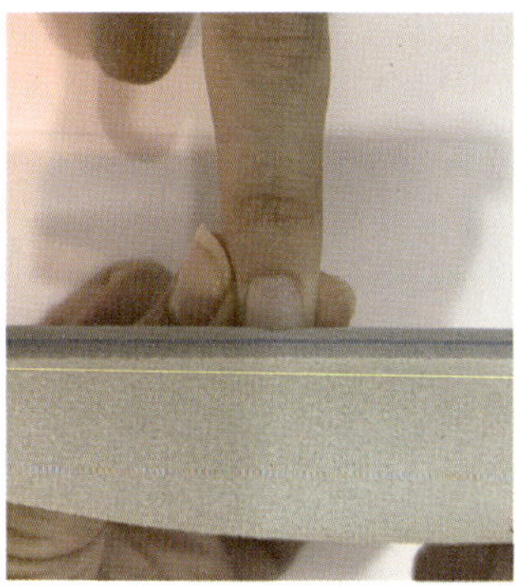

⑤ 표면 샌딩하기

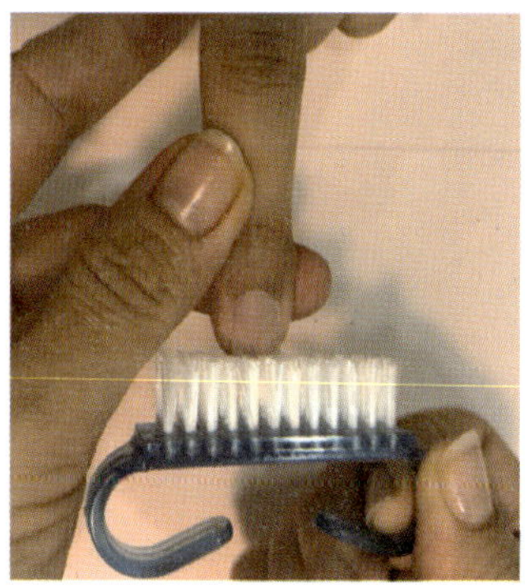

⑥ 분진 제거하기

프리퍼레이션(Preparation, 자연 네일의 준비)

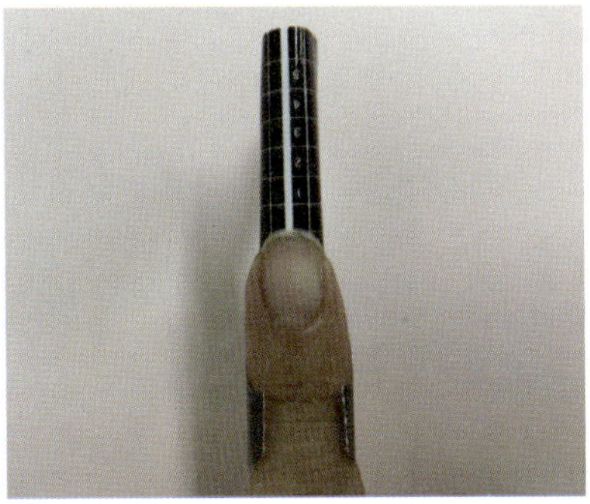

⑦ 네일 폼 끼우기

자연 네일과 네일 폼 사이에 공간이 없어야 하며 폼이 수평을 이루어야 한다.

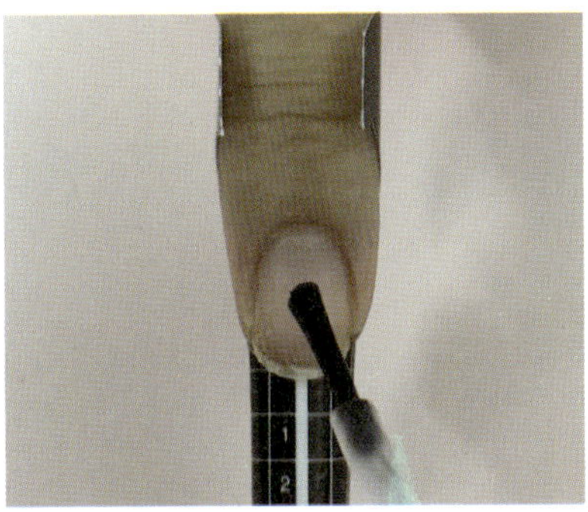

⑧ 프라이머 바르기

자연 네일의 유수분 제거, pH 밸런스를 맞추기 위해 프라이머를 소량 도포한다.

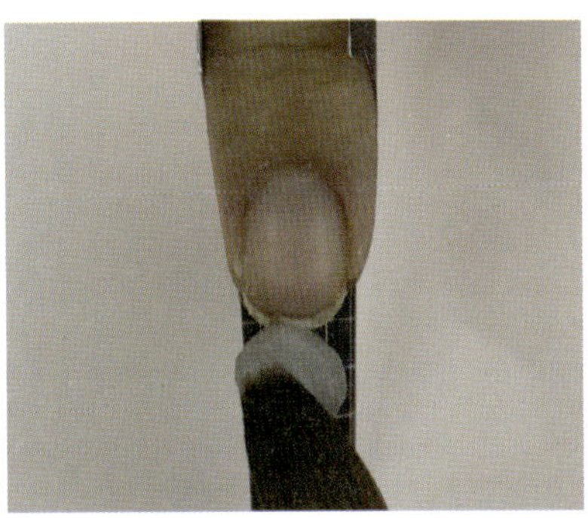

⑨ 클리어 볼 올리기-1

브러시에 리퀴드와 클리어 파우더를 믹스처하여 볼을 만든 다음 프리에지 위에 올려 두께감을 만든다.

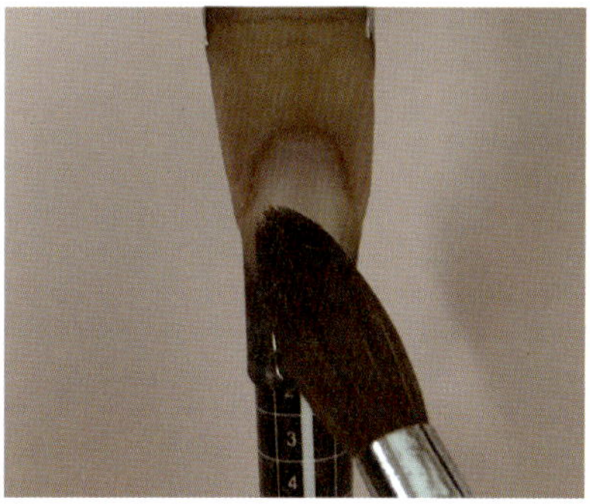

⑩ 클리어 볼 올리기-2

아크릴 볼을 만들어 네일 바디의 중간 부분에 올려 모양을 만들고 소량의 볼을 만들어 큐티클 라인에 얇게 펴 바른 후 손톱 전체를 매끄럽게 쓸어내린다.

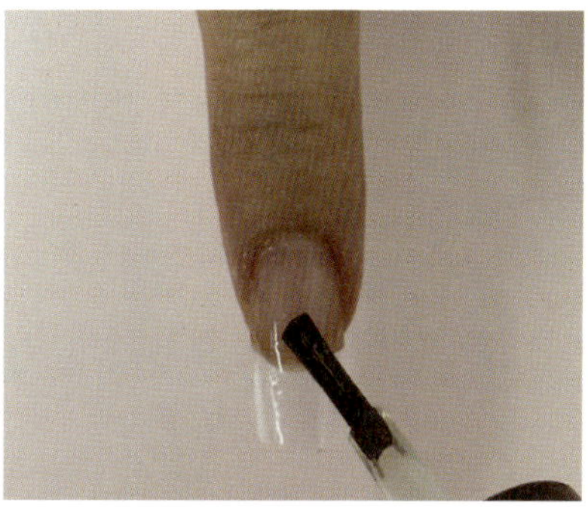

⑪ 큐티클 오일 바르고 완성하기

큐티클 부분에 큐티클 오일을 소량만 바르고 페이퍼 타월로 문질러 닦아준다.

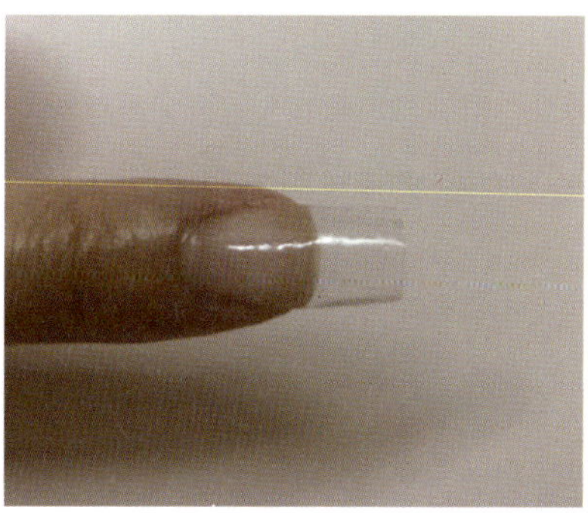

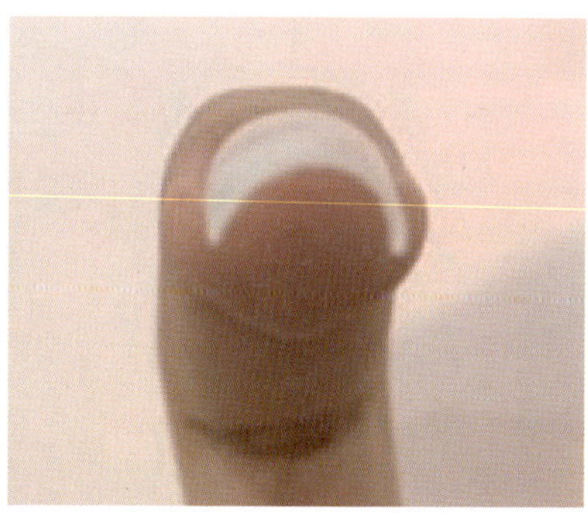

⑫ 완성

3 프렌치 스컬프처(French Sculpture)

1) 프렌치 스컬프처 정의

화이트 파우더로 프리에지 모양을 만들고 클리어 파우더 또는 핑크 파우더로 네일 바디부분을 오버레이 해서 네일의 길이를 연장하는 시술 방법이다.

2) 사전 준비

① 테이블을 소독

② 테이블 위에 흰색 타월을 깔고 그 위에 페이퍼 타월 준비

③ 네일 재료들을 바구니에 정리한다.

④ 위생 봉지를 테이블 한쪽에 붙인다.

3) 재료 및 도구

· 아크릴릭 리퀴드
· 리퀴드 볼
· 클리어 파우더
· 화이트 파우더
· 브러시
· 네일 폼
· 실크 가위
· 프라이머
· 큐티클 오일
· 파일
· 우드파일
· 샌딩파일
· 샌딩블록
· 광파일
· 더스트 브러시

✦ The 알아보기

프리퍼레이션Preparation(자연 네일의 준비)

인조 네일 시술 전에 반드시 해야 하는 전처리 과정으로 자연 네일의 유 · 수분을 제거하여 세균의 번식을 억제하고 인조 네일의 들뜸 현상을 방지하기 위한 사전 작업이다.
인조 네일의 지속력과 접착력을 높여주기 위해 프리퍼레이션 작업은 꼭 필요한 작업이다.

4) 수행순서

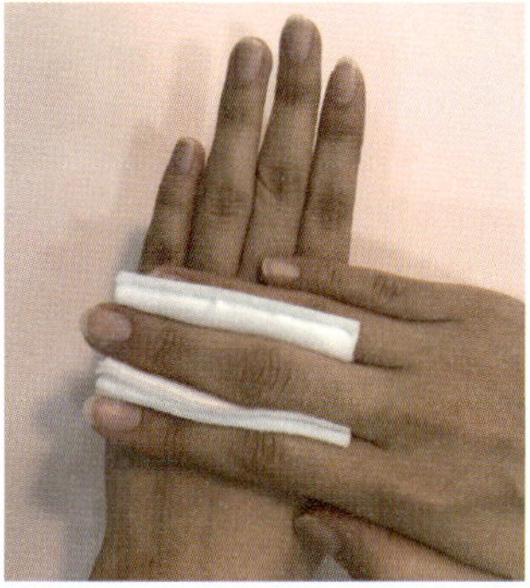

① 시술자 손 소독하기

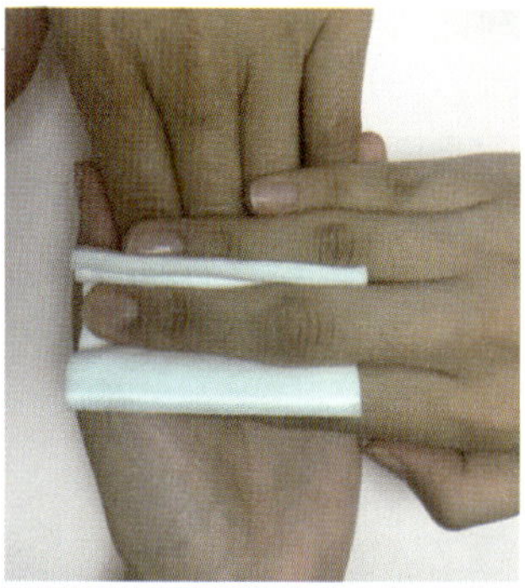

② 고객 손 소독하기

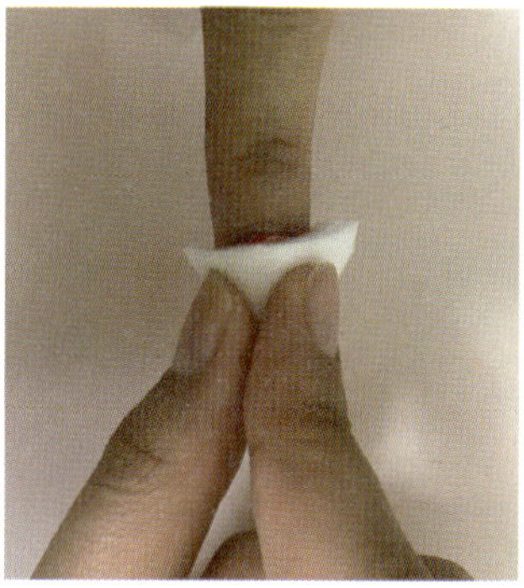

③ 네일 폴리시 제거하기

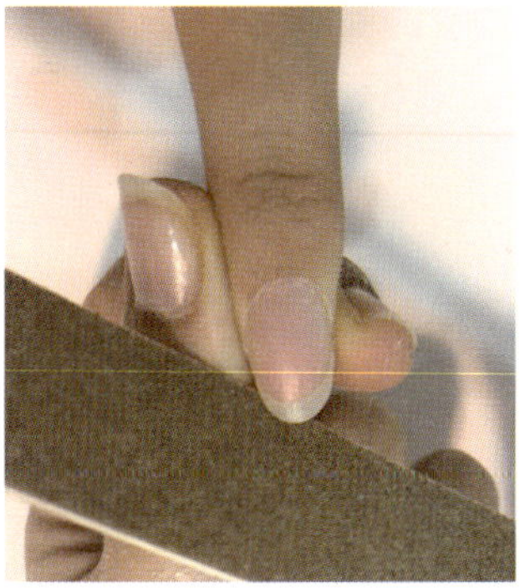

④ 네일 길이 및 모양잡기

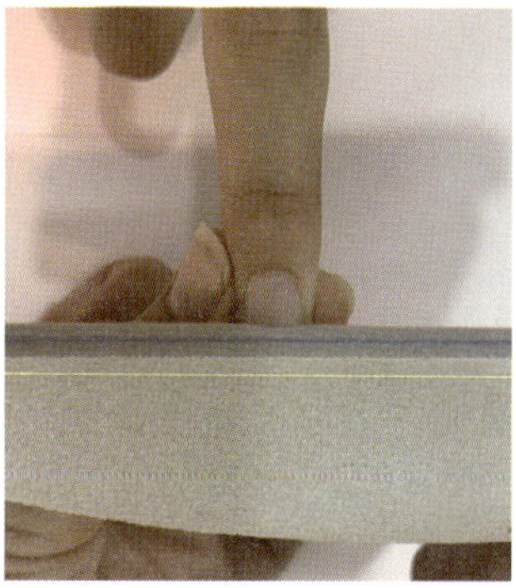

⑤ 표면 샌딩하기

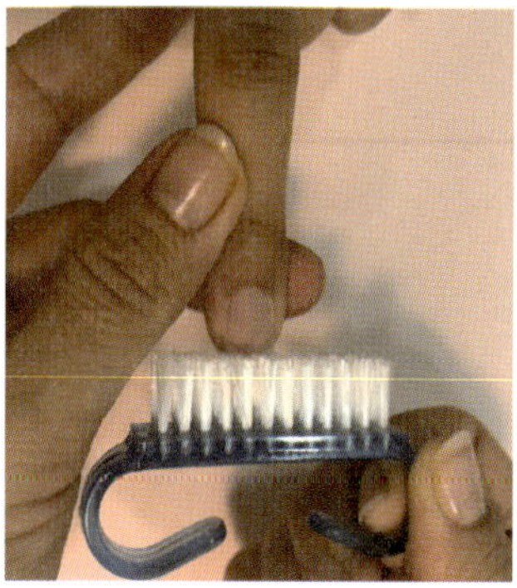

⑥ 분진 제거하기

프리퍼레이션(Preparation, 자연 네일의 준비)

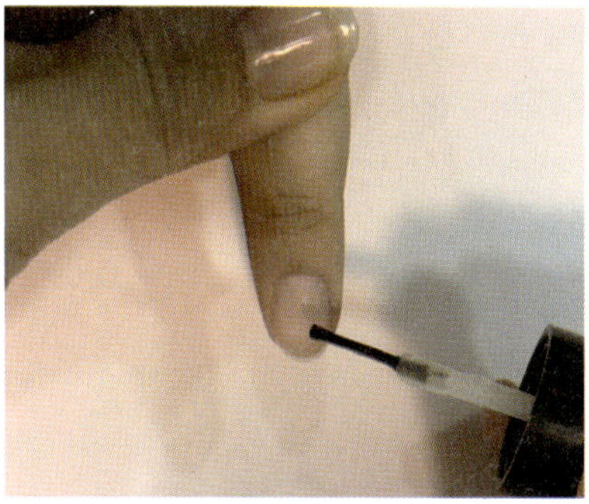

⑦ 프라이머 바르기

자연 네일에 프라이머를 소량 도포한다.

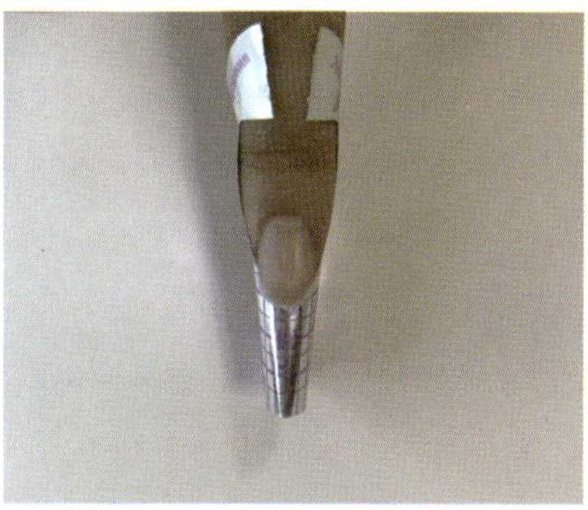

⑧ 네일 폼 끼우기

자연 네일과 네일 폼 사이에 공간이 없어야 하며 폼이 수평을 이루어야 한다.

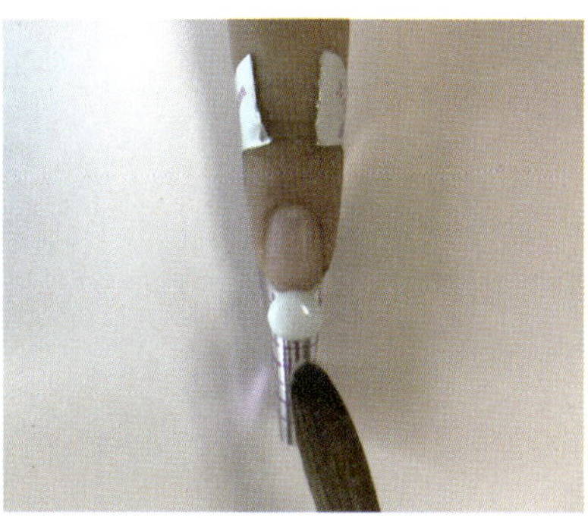

⑨ 화이트 볼 올리기

프리에지 부분에 화이트 아크릴 파우더 볼을 올려준다.

⑩ 프리에지 만들기

브러시를 사용하여 화이트 볼을 좌우로 펼쳐준다.

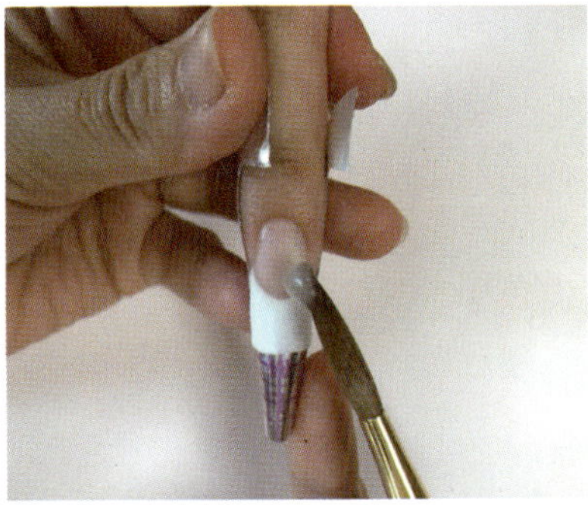

⑪ 클리어 볼 올리기

자연 네일과 스마일 라인 사이에 클리어 볼을 올려 하이포인트를 고려하여 프리에지와 연결한다.

큐티클 라인은 큐티클에 닿지 않도록 소량의 클리어 볼을 올려 얇게 펴서 자연스럽게 연결한다.

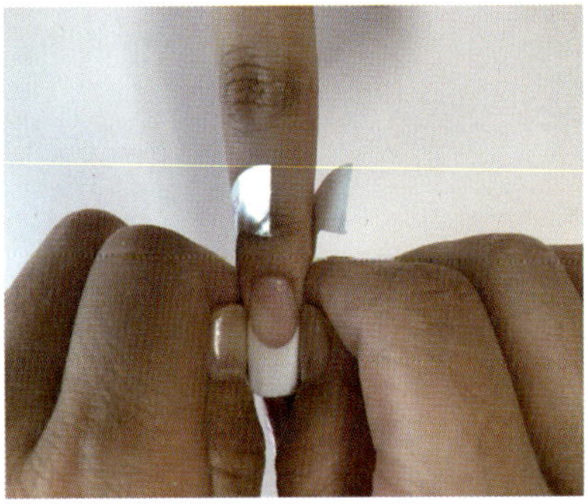

⑫ C커브 만들기

스트레스 포인트 부분을 양쪽 엄지 손톱으로 눌러주어 C커브 형태를 만들어 준 후 네일 폼을 제거한다.

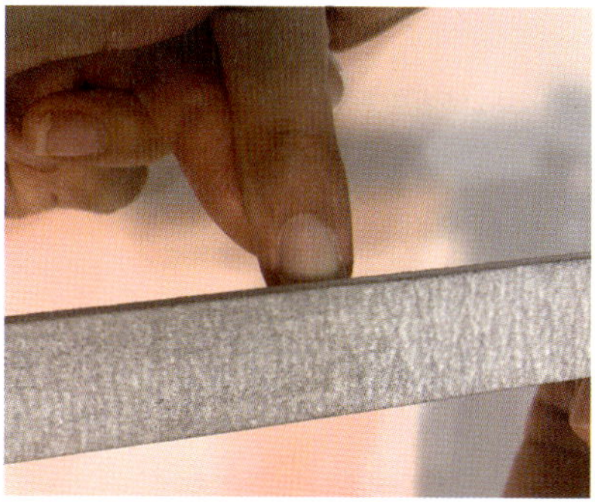

⑬ **표면 파일링하기**

파일을 사용하여 길이와 모양을 만들고 두께와 하이포인트를 살려 표면을 매끄럽게 갈아준다.

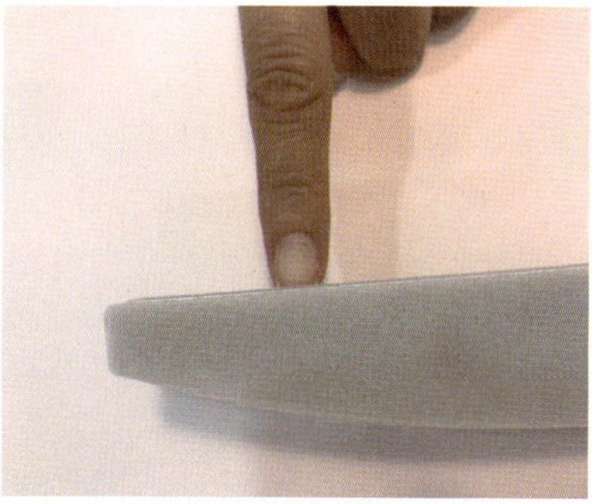

⑭ **표면 정리하기**

샌딩 파일을 사용하여 매끄럽게 정리한다.

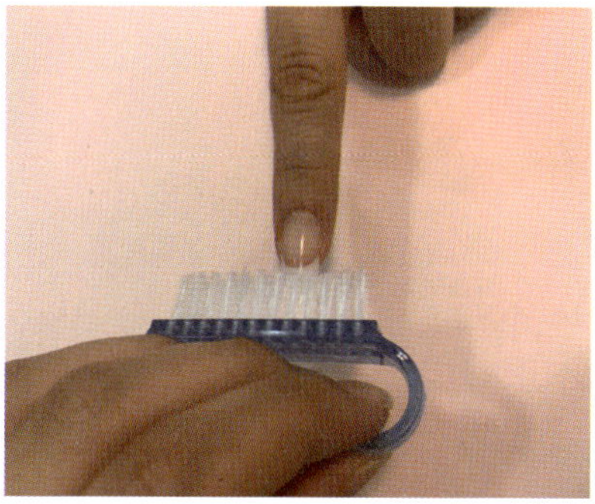

⑮ **분진 제거하기**

더스트 브러시를 사용하여 분진을 제거한다.

⑯ 광택 내기

광택용 파일을 사용하여 네일의 표면에 광택을 낸다.

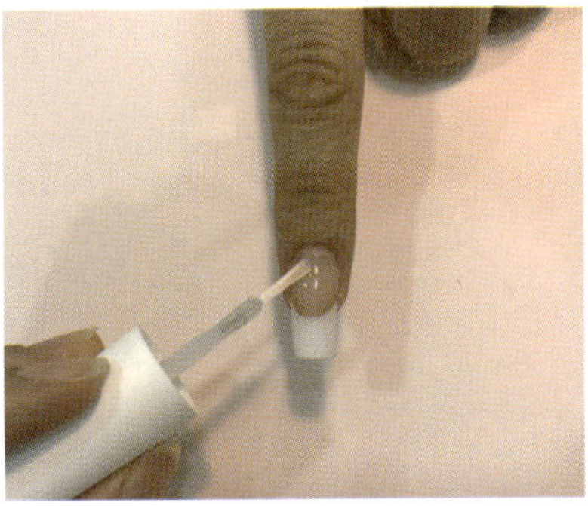

⑰ 큐티클 오일 바르고 완성하기

큐티클 부분에 큐티클 오일을 소량만 바르고 페이퍼 타월로 문질러 닦아준다.

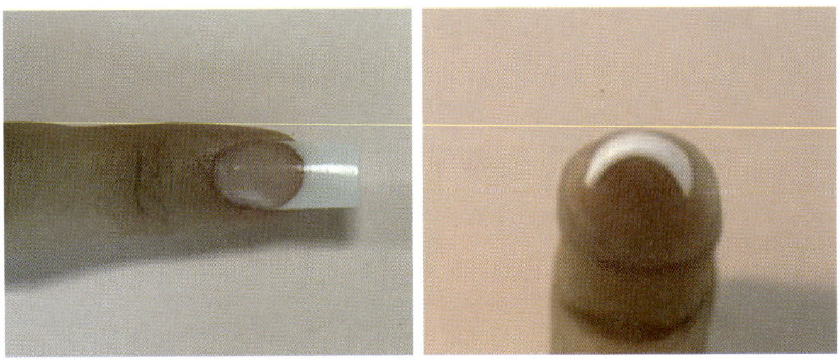

⑱ 완성

6

Nair Remove & Repair
제거 및 보수

1 인조네일 제거

네일을 보호하고 건강하게 유지하기 위하여 네일 위에 시술된 인조 네일을 올바른 방법으로 제거하고 마무리해야 한다.

1) 사전 준비

① 테이블을 소독
② 테이블 위에 흰색 타월을 깔고 그 위에 페이퍼 타월 준비
③ 네일 재료들을 바구니에 정리한다.
④ 위생 봉지를 테이블 한쪽에 붙인다.

2) 재료 및 도구

· 흰색 타월
· 화장솜
· 손 소독제
· 소독용기
· 화장솜 용기
· 페이퍼타월
· 파일꽂이
· 에탄올
· 오렌지 우드스틱
· 광택용 파일
· 클리퍼
· 더스트브러시
· 샌딩 파일
· 우드 파일
· 지혈제
· 큐티클 오일
· 위생봉지
· 마스크
· 손목 받침대

3) 수행순서

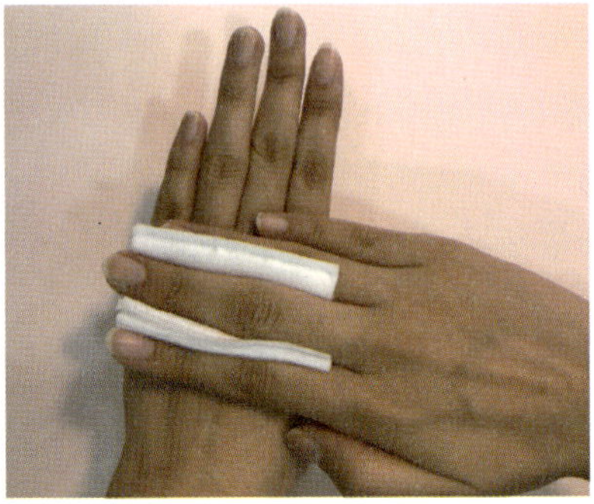

① 시술자 손 소독하기

손 소독제를 사용하여 시술자의 손을 소독한다.

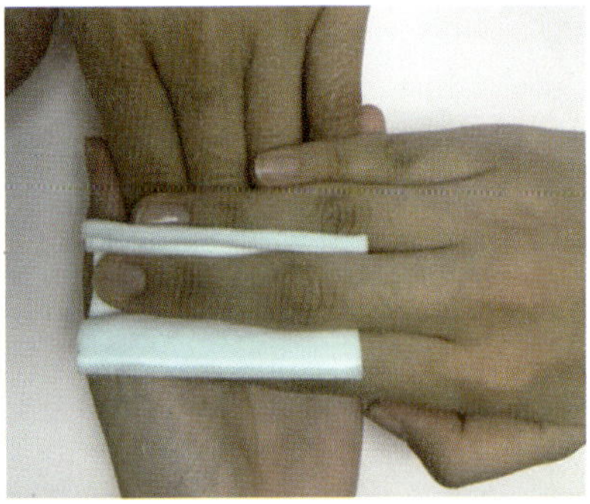

② 고객 손 소독하기

손 소독제를 사용하여 고객의 손을 소독한다.

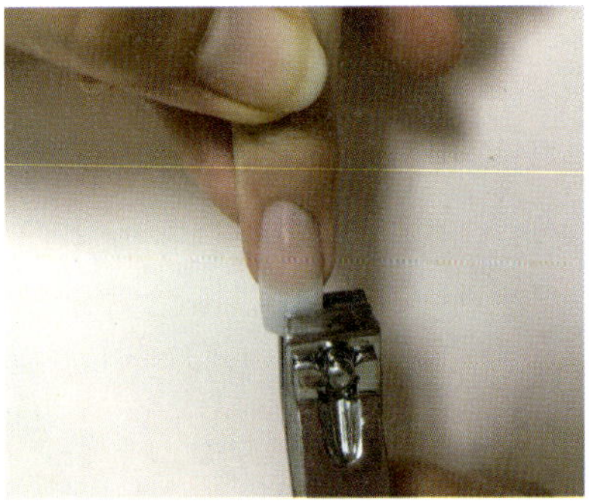

③ 네일의 길이 자르기

클리퍼를 사용하여 연장된 프리에지를 잘라낸다.

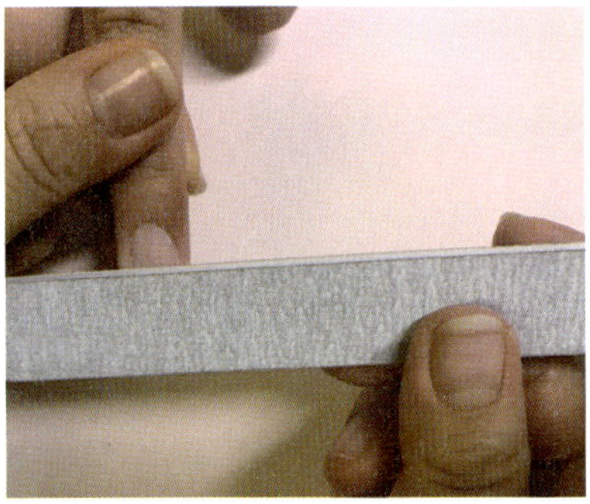

④ 표면 파일링하기

네일 파일로 인조 네일의 표면 두께를 적당히 갈아낸다.

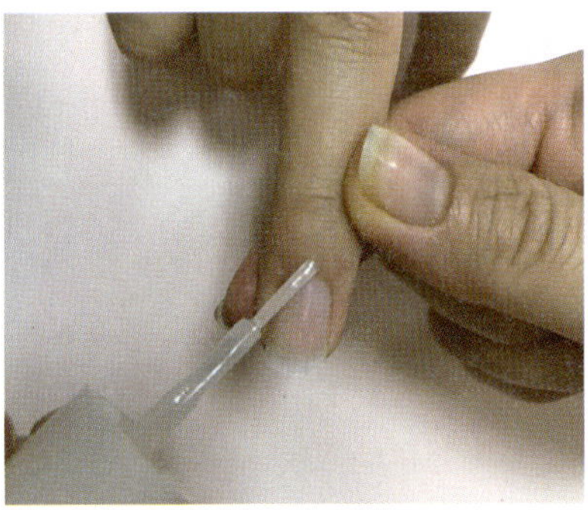

⑤ 큐티클 오일 바르기

피부의 보습을 위하여 큐티클 오일을 발라준다.

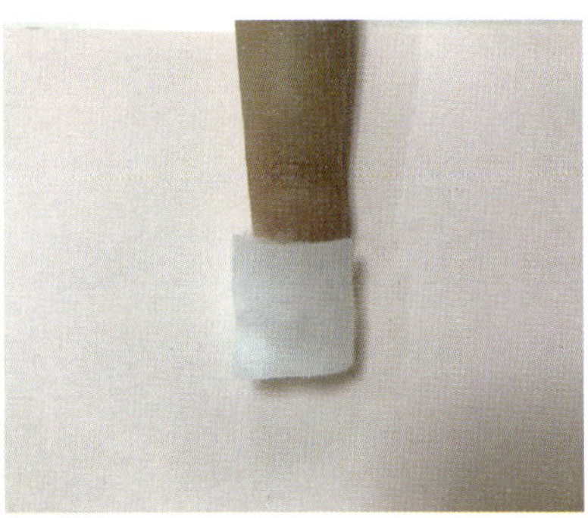

⑥ 솜에 아세톤 묻히기

절단 솜에 퓨어 아세톤을 묻혀 손톱 위에 올려놓는다.

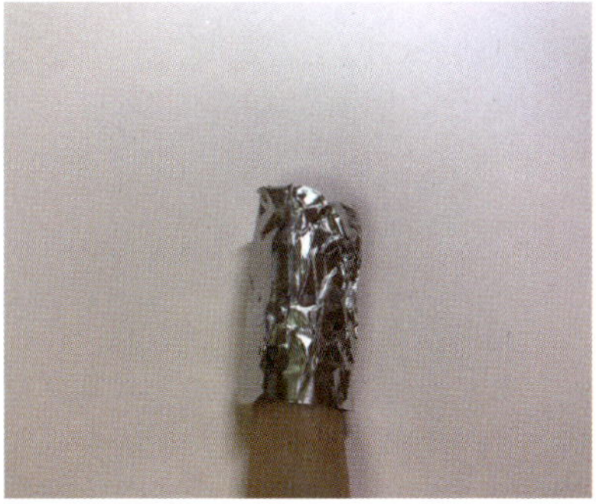

⑦ 호일로 감싸기

호일을 사용하여 공기가 통하지 않도록 5~10분 감싼다.

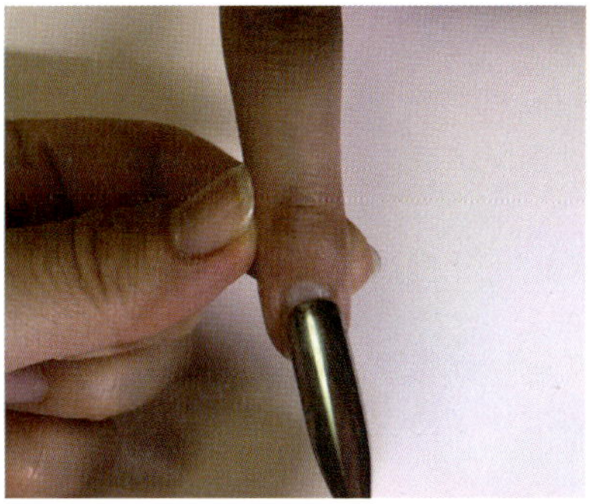

⑧ 잔여물 제거하기

푸셔나 오렌지 우드스틱을 사용하여 남아 있는 인조 네일을 살살 긁어준다.

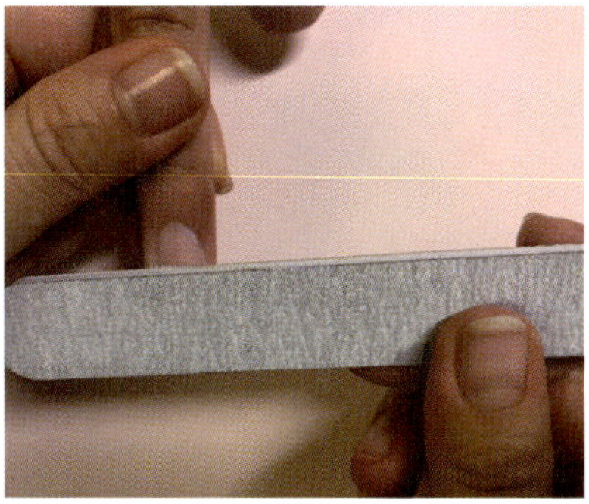

⑨ 파일링하기

파일을 사용하여 표면을 매끄럽게 갈아준 후 라운드 모양을 만든다.

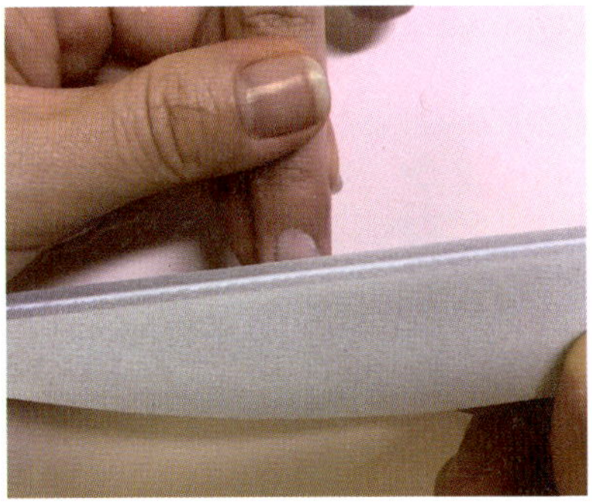

⑩ 표면 정리하기

호일을 사용하여 공기가 통하지 않도록 5~10분 감싼다.

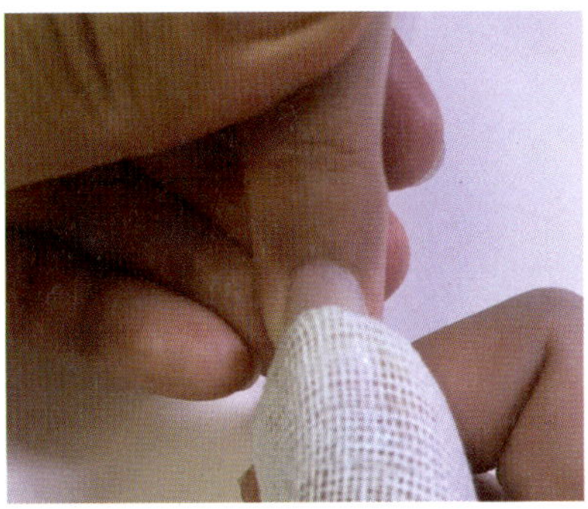

⑪ 마무리하기

푸셔나 오렌지 우드스틱을 사용하여 남아 있는 인조 네일을 살살 긁어준다.

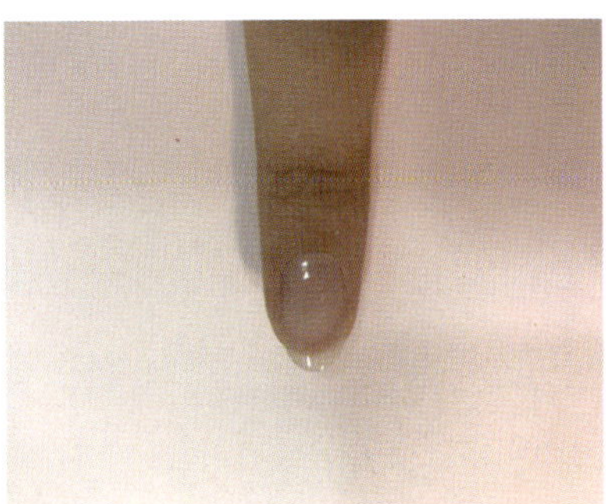

⑫ 완성

2 인조 네일 보수

1) 네일 팁의 보수(Repair/리페어)

인조 네일은 일정 시간이 경과하면 네일 베드로부터 수분이 발생한다. 또한 큐티클에 의해 공간이 생기거나 인조 네일 자체의 손상으로 인해 자연 네일에서 인조 네일이 들뜨는 리프팅(Lifting) 현상이 일어난다. 팁 네일의 경우 팁 접착 시 공기가 들어가게 붙였거나 네일 팁 옆면 부분이 들떴을 경우 좀 더 빨리 리프팅 현상이 발생할 수 있다. 또한 보수를 정기적으로 하지 않으면 균열이나 부러짐의 현상을 초래할 수 있으며, 리프팅이 생긴 공간에 곰팡이나 세균 등의 서식과 자연 네일의 변색을 가져올 수 있다. 따라서 약 2~3주 간의 간격을 두고 손상된 네일 팁의 표면을 정리 및 복구해야 한다.

(1) 네일 팁의 문제점과 원인

① 들뜸(Lifting)의 원인

- 전 처리(프리퍼레이션) 작업이 미흡한 경우
- 보수하지 않고 자연 네일이 과도하게 자랐을 경우
- 과도하게 길이를 연장하여 무게 중심이 변화한 경우
- 부주의하게 관리한 경우(과도한 물 사용, 손톱으로 떼어 냄 등)
- 큐티클 주변에 네일 전용 접착제가 묻었을 경우
- 네일 팁 접착시 공기가 찼을 경우
- 네일 접착제와 필러 파우더의 비율이 적절하지 않을 경우

② 변색의 원인

- 인조 네일의 적절한 보수 시기를 놓쳐 자연 네일의 손상이 생긴 경우
- 품질이 좋지 못한 네일 화장물을 사용한 경우
- 큐티클 정리 시 큐티클 오일을 사용하고 이를 충분히 제거하지 못해 곰팡이나 세균이 생긴 경우
- 외부적인 압력으로 충격이 가해진 경우

(2) 수행순서

네일 팁(Nail Tip) - 2주, 4주
① 네일 폴리시 제거하기
② 큐티클 밀어주기
③ 네일 팁의 들뜬 부분을 자연 네일에 맞춰 자연스럽게 파일링하기
④ 샌딩블럭으로 표면정리
⑤ 네일 전체 표면에 글루 바르기
⑥ 자라나온 자연 네일과 네일 팁이 자연스럽게 연결되도록 필러 파우더로 채워주기
⑦ 필러 파우더가 고정되도록 네일 전체 표면에 글루 바르기
⑧ 글루 드라이 분사하기
⑨ 네일 표면을 매끄럽게 파일링하기
⑩ 네일 전체 표면에 글루 바르기
⑪ 글루 드라이 분사하기
⑫ 샌딩블럭, 광파일 사용하여 표면 정리하기
⑬ 큐티클 오일 바르고 마무리하기

2) 네일 랩의 보수(Repair/리페어)

랩 네일은 일정 시간이 경과하면 네일 베드로부터 수분이 발생한다. 또한 큐티클에 의해 공간이 생기거나 인조 네일 자체의 손상으로 인해 자연 네일에서 인조 네일이 들뜨는 리프팅(Lifting) 현상이 일어난다. 랩 네일의 경우 랩 접착 시 네일 표면에 매끄럽게 붙여지지 않았거나 네일 랩 옆 부분이 들떴을 경우 리프팅 현상이 일어날 수 있다. 보수를 정기적으로 하지 않으면 균열이나 부러짐의 현상을 초래할 수 있으며, 리프팅이 생긴 공간에 곰팡이나 세균 등의 서식과 자연 네일의 변색을 가져올 수 있다. 따라서 약 2~3주 간의 간격을 두고 손상된 네일 랩의 표면을 정리 및 복구해야 한다.

(1) 네일 랩의 문제점과 원인

① 들뜸(Lifting)의 원인

- 전 처리(프리퍼레이션) 작업이 미흡한 경우

- 보수하지 않고 자연 네일이 과도하게 자랐을 경우
- 과도하게 길이를 연장하여 무게 중심이 변화한 경우
- 부주의하게 관리한 경우(과도한 물 사용, 손톱으로 떼어 냄 등)
- 큐티클 주변에 네일 전용 접착제가 묻었을 경우
- 랩의 턱 부분을 제대로 제거하지 않았을 경우

② 부러짐(Breading)

- 보수 시기를 놓쳐 네일의 길이가 너무 긴 경우
- 과다한 파일링으로 인해 너무 얇아진 경우
- 네일 접착제와 필러 파우더의 비율이 적절하니 않을 경우
- 외부 충격이 가해진 경우

(2) 수행순서

랩 익스텐션(Wraps Extension) - 2주, 4주
① 네일 폴리시 제거하기 ② 큐티클 밀어주기 ③ 네일 랩의 들뜬 부분을 자연 네일에 맞춰 자연스럽게 파일링하기 ④ 샌딩블럭으로 표면정리 ⑤ 네일 전체 표면에 글루 바르기 ⑥ 자라나온 자연 네일과 네일 랩이 자연스럽게 연결되도록 필러 파우더로 채워주기 ⑦ 필러 파우더가 고정되도록 네일 전체 표면에 글루 바르기 ⑧ 글루 드라이 분사하기 ⑨ 네일 표면을 매끄럽게 파일링하기 ⑩ 네일 전체 표면에 글루 바르기 ⑪ 글루 드라이 분사하기 ⑫ 샌딩블럭, 광파일 사용하여 표면 정리하기 ⑬ 큐티클 오일 바르고 마무리하기

3) 아크릴 네일의 보수(Repair/리페어)

아크릴 네일은 리프팅(Lifting) 현상이 발생하고 곰팡이 균이 생기기 쉬어 자연 네일에 큰 손상을 가져 올 수 있기 때문에 작업 방법과 수행과정을 제대로 알고 대처해야 한다. 아크릴 네일의 경우 아크릴 파우더와 아크릴 리퀴드의 혼합이 적절하지 못했거나 큐티클 라인을 두껍게 올렸을 경우 좀 더 빨리 리프팅 현상이 일어날 수 있다. 아크릴 네일의 보수를 제대로 하지 않으면 균열이나 부러짐의 현상을 초래할 수 있으며, 리프팅이 생긴 공간에 곰팡이나 세균 등의 서식과 자연 네일의 변색을 가져올 수 있다. 따라서 약 2~3주 간의 간격을 두고 손상된 아크릴 네일의 표면을 정리 및 복구해야 한다.

(1) 아크릴 네일의 문제점과 원인

① 들뜸(Lifting)의 원인

- 전 처리(프리퍼레이션) 작업이 미흡한 경우
- 보수하지 않고 자연 네일이 과도하게 자랐을 경우
- 과도하게 길이를 연장하여 무게 중심이 변화한 경우
- 부주의하게 관리한 경우(과도한 물 사용, 손톱으로 떼어 냄 등)
- 아크릴 리퀴드와 아크릴 파우더를 부적절하게 혼합한 경우
- 큐티클 부분의 아크릴을 두껍게 올리거나 자연 네일의 턱 부분을 충분히 제거하지 않은 경우
- 불순물이 섞인 아크릴 파우더와 아크릴 리퀴드를 사용한 경우

② 깨짐(Crack)의 원인

- 아크릴을 너무 얇게 올렸을 경우
- 외부의 충격이 가해진 경우

③ 곰팡이(Fungus)의 원인

- 들뜸 현상을 방치한 경우
- 보수 작업 시 들뜬 부분을 충분히 제거하지 않고 아크릴을 올린 경우
- 아크릴을 제거하지 않고 계속 보수만 했을 경우
- 물을 많이 사용한 경우

(2) 수행순서

아크릴 네일(Acrylic Nail) - 2주, 4주
① 네일 폴리시 제거하기
② 큐티클 밀어주기
③ 아크릴 네일의 들뜬 부분을 자연 네일에 맞춰 자연스럽게 파일링하기
④ 샌딩블럭으로 표면정리
⑤ 자라나온 자연 네일 부분에만 프라이머 바르기
⑥ 아크릴 볼을 떠서 자연 네일과 아크릴 네일이 자연스럽게 연결되도록 채워주기
⑦ 건조 후 큐티클 부분의 턱 제거하기
⑧ 네일 표면을 매끄럽게 파일링하기
⑨ 샌딩블럭, 광파일 사용하여 표면 정리하기
⑩ 큐티클 오일 바르고 마무리하기

4) 젤 네일의 보수(Repair/리페어)

젤 네일은 일정 시간이 경과하면 네일 베드로부터 수분이 발생한다. 또한 큐티클에 의해 공간이 생기거나 젤 네일 자체의 손상으로 인해 자연 네일에서 인조 네일이 들뜨는 리프팅(Lifting) 현상이 일어난다. 젤 네일의 경우 젤 램프기기와 경화 시간이 적절하지 못했거나 젤이 흘러 큐티클 주변에 묻은 경우에도 좀 더 빨리 리프팅 현상이 일어날 수 있다. 보수를 정기적으로 하지 않으면 들뜸이나 벗겨짐의 현상을 초래할 수 있으며, 리프팅이 생긴 공간에 곰팡이나 세균 등의 서식과 자연 네일의 변색을 가져올 수 있다. 따라서 약 2~3주 간의 간격을 두고 손상된 랩 네일의 표면을 정리 및 복구해야 한다.

(1) 젤 네일의 문제점과 원인

① 들뜸(Lifting)의 원인

- 전 처리(프리퍼레이션) 작업이 미흡한 경우
- 보수하지 않고 자연 네일이 과도하게 자랐을 경우
- 과도하게 길이를 연장하여 무게 중심이 변화한 경우
- 부주의하게 관리한 경우(과도한 물 사용, 손톱으로 떼어 냄 등)

- 오래된 젤 램프기기를 사용한 경우
- 큐티클 주변에 젤이 흘러서 경화된 경우
- 젤 경화 시간을 부적절하게 큐어링한 경우

② 변색의 원인

- 일상생활에서 자외선을 과도하게 노출한 경우
- 젤 램프기기에서 너무 오래 큐어링 한 경우
- 품질이 좋지 못한 젤을 사용한 경우
- 외부적인 충격이 가해진 경우

③ 벗겨짐의 원인

- 자연 네일의 유 · 수분에 의해 큐티클 부분에서 젤이 벗겨지는 경우
- 자연 네일의 유 · 수분에 의해 손톱의 끝부분에서 젤이 벗겨지는 경우

(2) 수행순서

젤 네일(gel nail) – 2주, 4주
① 네일 폴리시 제거하기 ② 큐티클 밀어주기 ③ 젤 네일의 들뜬 부분을 자연 네일에 맞춰 자연스럽게 파일링하기 ④ 샌딩블럭으로 표면정리 ⑤ 자라나온 자연 네일 부분에만 베이스 젤 바르기 ⑥ 큐어링 하기(경화 시간 30초) ⑦ 클리어 젤을 떠서 자연 네일과 젤 네일이 자연스럽게 연결되도록 채워주기 ⑧ 큐어링 하기 ⑨ 미경화젤을 젤 클리너로 닦아내기 ⑩ 네일 표면을 매끄럽게 파일링하기 ⑪ 탑 젤 바르고 큐어링 하기(경화 시간 60초) ⑫ 젤 클리너로 닦은 후 표면 정리하기 ⑬ 큐티클 오일 바르고 마무리하기

Advanced Nail

어드밴스드 네일

2

Nail Art

네일 아트

1

Nail Design

네일 디자인

1 네일 디자인의 구성

1) 점

가장 기본 단위로 점의 수, 위치, 밝기, 색상, 크기, 표현 재료 등에 따라 모양이나 움직임, 공간감을 나타낼 수 있고 독특한 느낌을 전달할 수 있다. 점과 점 사이의 간격이 좁으면 빠르고 수축된 느낌을 주고, 점과 점 사이의 간격이 넓으면 느리고 안정된 느낌을 갖게 한다. 또한 점의 크기를 점점 크게 하면서 운동감이나 공간감을 줄 수도 있으며, 점을 포개어서 새로운 형태를 만들 수 있다.

점의 배치 도안

2) 선

선은 2개 이상의 점이 연결되어 위치와 방향을 가진다. 선은 무언가를 표현할 때 가장 기본적인 요소로 그림을 그리는데 매우 중요한 방법 중 하나이다. 또 형태를 그리는 것 외에 명암, 강약, 질감, 공간, 움직임의 표현에 유용하게 쓰이며 길이, 굵기, 방향, 밝기, 재료, 선과 선 사이의 간격에 따라 리듬과 감정을 전달할 수 있다.

점의 연결방향에 따라서 남성적이며 속도감, 긴장감, 직접성, 예리함, 명쾌함, 간결함 등의 느낌을 전달하는 직선과 여성적이며 유연성, 풍요로움, 우아함, 간접성, 경쾌함 등의 느낌을 전달하는 곡선이 결정된다.

선은 가는 선(섬세함과 예민함)과 굵은 선(대담함과 둔탁함), 선의 각도에 따라 수평선(평평함과 균형감), 수직선(굳건함과 상승감), 대각선(역동성)이 있다.

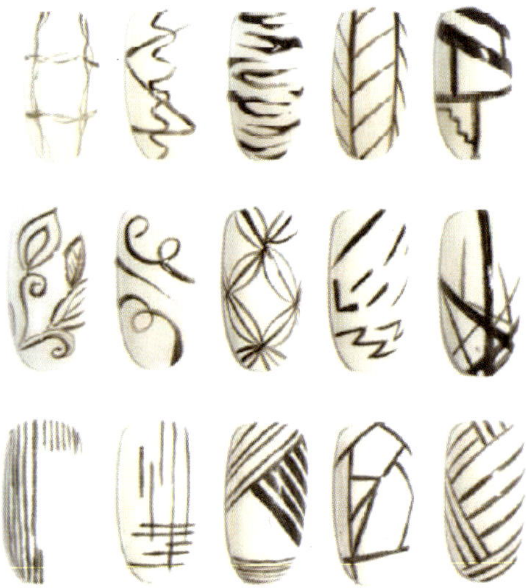

선의 배치 도안

3) 면

여러 개의 점과 선이 모여 만들어지는 것으로, 시작은 점과 선이지만 반복되면 면이 생기게 된다. 점과 선이 만나는 것에 따라 깊이는 없지만 길이와 넓이를 가지는 평면과 곡면, 그 외 다양한 면이 만들어진다. 면에 색채 효과를 주어 공간이나 입체 느낌을 주는 것도 가능하며, 면을 나누거나 여러 면을 겹쳐 새로운 면을 만들 수도 있다.

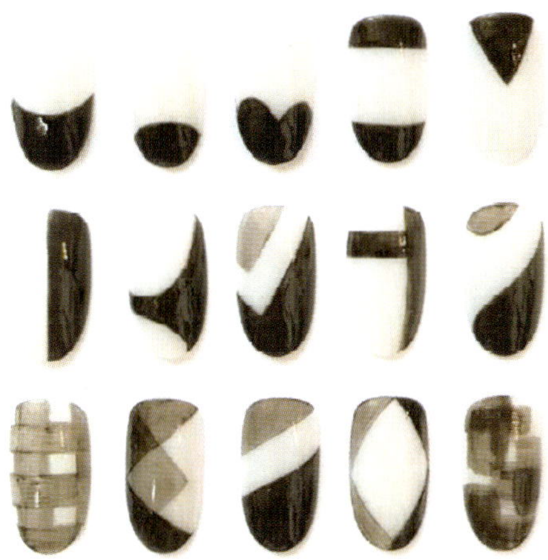

면의 배치 도안

2 핸드 페인팅(Hand Painting)

손으로 붓과 물감을 이용하여 그려 나타내는 디자인으로서 도화지 대신에 네일에 그림을 그려 표현해 주는 기법이다. 아트용 브러시와 아크릴 물감을 이용하여 손톱 위에 직접 디자인 하는 방법으로 여러 가지 재료를 이용해서 나타낼 수 있다. 주로 사용하는 아크릴 물감은 내수성이 좋기 때문에 잘 지워지지 않고 마른 뒤에도 물에 닿아도 지워지지 않기 때문에 핸드 페인팅 아트에 적합하다. 아크릴 물감은 건조가 빠르고 여러 색상과 섞어 만들 수 있으며 수채화의 투명함과 유화의 강렬함을 동시에 나타낼 수 있다.

1) 페인팅(Painting)의 종류

- 패션 페인팅(Fashion Painting) – 옷, 가방 등
- 보디 페인팅(Body Painting) – 몸, 신체
- 페이스 페인팅(Face Painting) – 얼굴
- 핸드 페인팅 (Hand Painting) – 손등 피부, 손톱, 발톱

2) 페인팅(Painting)의 특징

- **물감의 안정성** : 인체에 무해하여 안심하고 사용할 수 있다.
- **표현의 용이성** : 다양한 기법으로 누구나 손쉽게 그릴 수 있다.
- **소재의 다양성** : 소재의 제한이 없어 어디에나 표현할 수 있다
- **표현의 영구성** : 세탁이나 세제 등에 의해 탈색, 변색 되지 않는다.

* 신체(바디, 얼굴, 핸드)에 사용하는 것은 아쿠아(Aqua)물감이므로 쉽게 지울 수 있다.

3 포크 아트(Folk Art)

포크(Folk)란 사전에서 찾아보면 '보통 사람들, 소박한 사람들, 민족의'란 뜻으로 표기되어 있다.

포크아트(Folk Art)를 말 그대로 해석하면 '전통예술', '민속예술', '대중예술'이라 표현할 수 있는데, 오래 전부터 일반화된 공예의 한 기법으로서 유럽 시골의 서민 계층이 그들의 여가시간을 이용해 그림을 그리면서 생겨난 보통 사람들의 예술이라고 할 수 있다.

포크아트(Folk Art) 또는 Tole Painting이라고 불리는 이 공예기법은 소품공예에서 시작해서 지금은 네일아트의 한 부분으로 자리 잡고 있다. Tole의 뜻은 주석(금속의 일종) 등 철제의 얇은 판을 의미하는 것으로 Tole Painting이란 말은 금속 제품에 그림을 그린 것에서 유래하였으며 원래 가구를 장식하기 위한 기능으로부터 출발하였다.

16~17세기경 유럽에서 유래된 포크아트(Folk Art)는 귀족이나 상류층 사람들이 목조가구나 주방용품 등에 그림을 그려 넣은 것을 시작으로 미국에선 Decoration Painting(장식페인팅)으로 알려지면서 점차적으로 세계 각국의 민속예술로 자리를 잡았다. 그림을 그리는 재료도 나무, 유리, 도자기, 천, 캔버스 등 다양한 소재를 이용하여 일상 생활용품 등에 자유롭게 표현할 수 있게 되었다. 따라서 포크아트의 형식이 가장 체계화된 곳은 유럽이며, 그것은 유럽 여행 중 어디에서나 만날 수 있는 민예품에서도 알 수 있다.

이러한 흐름으로 포크아트 기법이 네일아트의 아트기법으로 자리 잡기 시작했고 우리가 살아가는 현실 공간에도 깊게 자리 잡아 가고 있다. 포크아트는 아크릴 물감으로 소재의 제약 없이 작은 손톱 위에 자유롭게 그릴 수 있으며 미(美)의 예술로서 네일아트 기법으로 발전하였다.

1) 아트용 브러시

(1) 브러시 재료

핸드페인팅에 사용되는 브러시는 코린스키 브러시, 돼지털 브러시, 합성모 브러시, 합성모와 천연모의 혼모 브러시로 만들어진 재료로 나누어진다.

브러시 모	특징
코린스키 브러시	탄력이 풍부하고 브러시 끝이 가지런하여 브러시의 터치가 남지 않아 섬세하고 부드러운 표현에 적합하다.
돼지털 브러시	털 끝이 잘게 갈라져 있어 힘을 주어 사용해도 브러시가 상하지 않는다. 내구성이 강하고 유화에 적합하다.
합성모 브러시	합성섬유로 가공한 브러시로 아크릴, 유채화, 수채화에 적합하다.
혼모 브러시	합성모와 천연모의 단점을 보완한 브러시로 초보자도 쉽게 사용 가능하다.

(2) 브러시 종류와 용도

납작(평) 브러시	사선(앵글) 브러시	필벗 브러시	둥근(환) 브러시	라이너(세필) 브러시	도트펜
		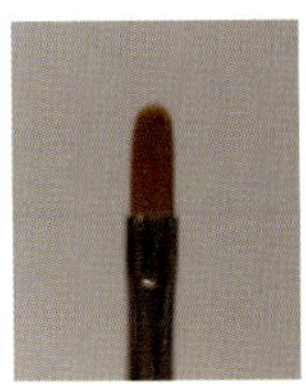		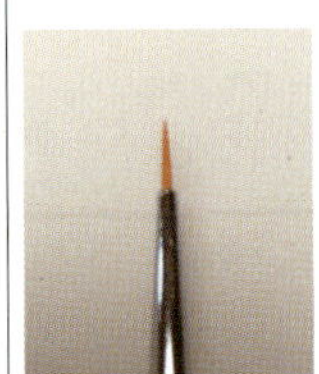	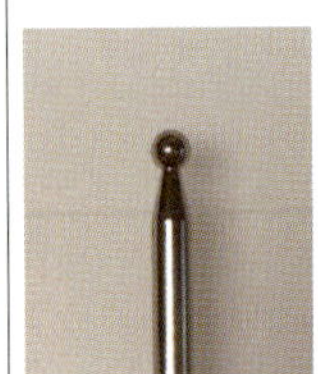
끝이 납작하면서 일자 브러시 바탕 컬러나 그러데이션, 꽃잎 등 다양한 기법에 활용	끝이 납작하면서 사선 브러시 꽃잎을 그리거나 명암을 줄 때 사용	끝이 납작하면서 둥근 브러시 둥근 꽃잎이나 잎사귀 그릴 때 사용	끝이 뾰족하고 둥근 브러시 콤마 스트로크, 데이지에 사용	끝이 얇고 뾰족한 브러시 라인, 곡선, 섬세한 작업을 할 때 사용	도트 찍을 때 사용

2) 포크아트 기법

납작붓(평붓)		납작붓, 사선붓		납작붓, 사선붓, 필벗붓, 둥근붓	
사이드 로딩	더블 로딩	C스트로크		S스트로크	
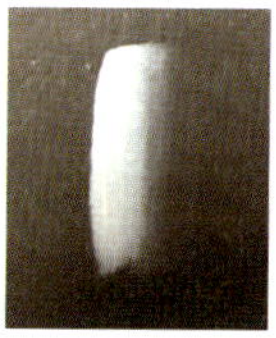					

납작붓	둥근붓, 필벗붓	라이너 붓, 세필 붓	도트 봉
반원 스트로크	콤마 스트로크	라인 그리기	점 찍기
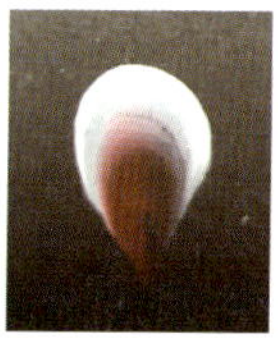			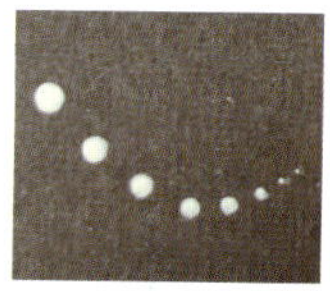

(1) 원 스트로크 기법

하나의 브러시로 알맞은 농도의 물감을 묻혀서 선의 강약을 조절하여 색과 명암 변화를 표현하는 기법이다.

① 사이드로딩(Side Loading)

- 사선 브러시나 평 브러시를 사용한다.
- 브러시에 물을 적신 후 페이퍼 타월에 물기를 살짝 닦아내어 수분을 조절한다.
- 적당한 수분 상태에서 브러시의 1/3정도의 부분에 물감을 묻혀서 그러데이션이 되도록 팔레트에 문질러 농도를 조절하여 그린다.
- 입체감을 주는 기법으로 명암을 나타낼 때 사용한다.

② 더블로딩(Double Loading)

- 사선 브러시나 평 브러시를 사용한다.
- 적당한 수분 상태에서 브러시에 양쪽에 각각 다른 컬러의 물감을 묻혀 준다.
- 두 가지의 컬러가 자연스럽게 섞이도록 팔레트 위에서 여러 번 그리며 농도를 조절한다.
- 브러시를 세워 그리는 방법으로 주로 장미를 표현할 때 사용한다.

③ C 스트로크(Stroke)

- 사선 브러시나 평 브러시를 사용한다.
- 적당한 수분 상태에서 브러시 전체에 물감을 묻혀 준다.
- 팔레트 위에서 여러 번 그리며 농도를 조절한다.
- 브러시 끝을 세워 C자를 그리듯 힘을 주어 굵게 그리면서 가늘게 마무리한다.

④ S 스트로크(Stroke)

- 사선 브러시나 평 브러시, 필벗 브러시를 사용한다.
- 적당한 수분 상태에서 브러시 전체에 물감을 묻혀 준다.
- 팔레트 위에서 여러번 그리며 농도를 조절한다.
- 브러시를 사선으로 S자를 그리듯이 정중앙에서 굵게 그리고 돌리면서 가늘게 마무리한다.

⑤ 반원 스트로크(Stroke)

- 사선 브러시나 평 브러시를 사용한다.
- 적당한 수분 상태에서 브러시에 양쪽에 각각 다른 컬러의 물감을 묻혀 준다.
- 팔레트 위에서 여러번 그리며 농도를 조절한다.
- 왼쪽에서 오른쪽으로 부채꼴 모양으로 돌리면서 그려준다.
- 양쪽이 대칭이 되도록 조절한다.

⑥ 콤마 스트로크(Stroke)

- 둥근 브러시나 필벗 브러시를 사용한다.
- 적당한 수분 상태에서 브러시 전체에 물감을 묻혀 준다.
- 팔레트 위에서 농도를 조절한다.
- 브러시 끝을 모아서 콤마 찍듯이 힘주어 눌렀다가 가볍게 들면서 빼준다.

⑦ 라인 그리기

- 라이너 브러시나 세필 브러시를 사용한다.
- 팔레트 위에서 여러번 찍으며 농도를 조절한다.
- 브러시를 살짝 눌러주거나 들어주면서 힘 조절을 하여 라인, 체크, 줄기 등을 표현하며 한 번에 그리는 것이 중요하다.

⑧ 점 찍기

- 도트펜이나 둥근 브러시를 사용한다.
- 팔레트 위에서 농도를 조절한다.
- 브러시에 물감을 묻혀 가볍게 찍어 표현한다.

2

Basic Color

기본 색채

1 색채학

색이란 다양한 파장의 빛이 눈에 들어옴으로써 생기는 감각의 하나이고, 색채란 빛을 받아 반사된 물체의 색을 말한다. 이러한 색채를 이용해 감정을 표현하거나 의사소통을 하고, 자신을 아름답게 표현할 수 있다. 사람들의 얼굴색이 다르듯 자신에게 맞는 색(Color)을 가지고 있다. 자신에게 맞는 색은 어떤 특정한 색이 어울린다는 것이 아니며, 개인 피부색에 따라서 어울리는 색이 있다. 이렇게 자신에게 어울리는 색의 계열과 색상별 이미지를 고려해 메이크업과 의상의 컬러를 맞추어 네일 시술을 하게 된다면, 한결 더 아름답고 센스있게 보일 수 있다.

2 색의 분류

1) 유채색(有彩色, Chromatic Color)

물체의 색 중에서 색상이 있는 색으로 무채색의 흰색, 회색, 검정색을 제외한 모든 색이다.

유채색

2) 무채색(有彩色, Achromatic Color)

물체의 색을 구별하는 색상이 없는 색으로 명도의 밝고 어두움만 존재한다.

무채색

3 색의 3요소

색을 구별하는데 필요한 성질인 색상, 명도, 채도를 색의 3요소 또는 색의 3속성이라고 한다.

1) 색상(Hue)

색이 지닌 성질을 말하는 것으로 다른 색과 구별될 수 있는 고유의 색이다.

2) 명도(Value)

색의 밝고 어두운 정도를 나타내는 것으로 명도가 낮으면 어둡고, 명도가 높으면 밝다.

3) 채도(Chroma)

색의 맑고 탁함 정도 즉 선명함의 정도이다. 유채색에만 있으며 회색을 섞을수록 낮아진다. 채도가 가장 높은 것(100%)은 순색 채도가 가장 낮은 것(0%)은 무채색이다.

4 | 색상환

색상의 변화를 둥근 원의 형태로 배열한 것으로서 색의 성질이 비슷하다고 느껴지는 순서대로 나타내었다.

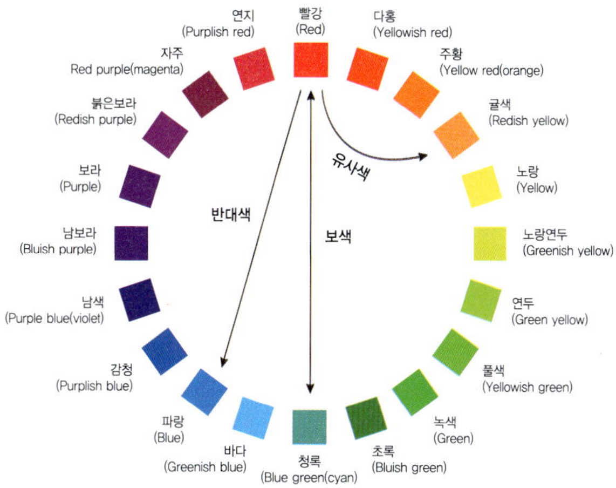

20개 색상환

1) 동일색상

색상은 동일하지만 명도와 채도가 다른 색상의 조화로 수수하고 고상한 이미지를 갖는다.

2) 유사대비

색상환에서 가깝게 근접해 있는 색상의 조화로 무난하고 침착한 이미지를 갖는다.

3) 보색대비

색상환에서 반대되는 색상의 조화로 무난하고 침착한 이미지를 갖는다.

|5| 색의 혼합

1) 빛의 3원색(가법 혼합)

빛의 혼합이라고 하며 빛을 가하여 색을 혼합할 때 밝기가 가산되어 혼합한 색이 원래의 색보다 밝아지는 혼합이다. 가법혼합에서의 3원색은 빨강(Red), 초록(Green), 파랑(Blue)의 원색으로 하여 여러 강도로 섞어서 다양한 색을 얻을 수 있게 되며, 빛과 무대 조명, 스크린, 모니터, 텔레비전 등에서 찾아볼 수 있다.

- Blue + Green = Cyan
- Green + Red = Yellow
- Blue + Red = Magenta
- Blue + Green + Red = White

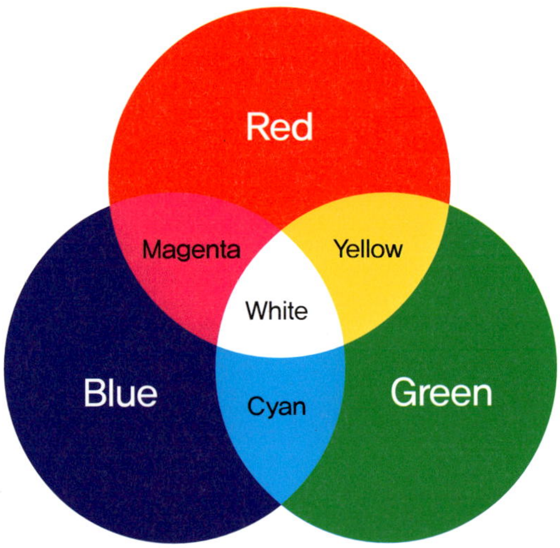

가법혼합

2) 색료의 3원색(감법 혼합)

색료의 혼합이라고 하며 스펙트럼의 일부가 반사, 투과 등을 통하여 나타나는 특정한 색지극으로서 색을 혼합하면 할수록 순색의 강도가 약해져 원래의 색보다 명도가 낮아지는 혼합을 말한다. 감법혼합에서의 색의 3원색은 마젠타(Magenta), 옐로(Yellow), 사이안(Cyan)의 원색으로 물감, 색료, 잉크 등의 3색을 섞음으로서 대부분의 색을 만들 수 있고 색을 더할수록 명도와 채도가 낮아진다.

- Magenta + Yellow = Red
- Yellow + Cyan = Green
- Cyan + Magenta = Blue

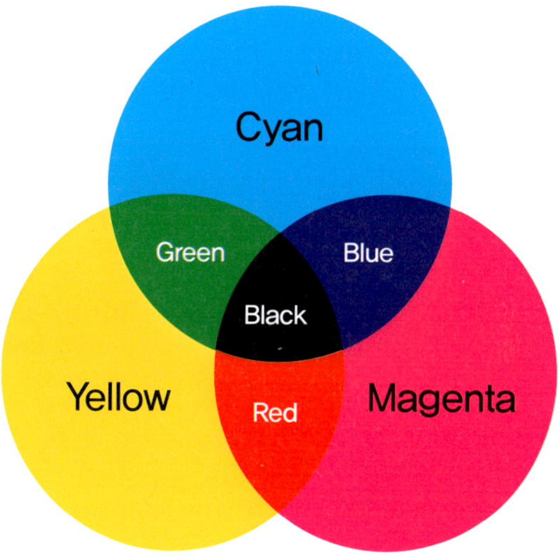

감법혼합

6 | 피부색에 따른 네일 컬러

피부색을 결정짓는 색소 중 멜라닌 색소는 검은빛, 케로틴 색소는 노란빛, 헤모글로빈 색소는 붉은 빛을 띠게 하므로 피부색에 맞는 컬러를 선택하는 것이 중요하다. 네일 컬러를 선택할 때 가장 먼저 자신의 피부색에 맞는 컬러를 선택하여야 하며 그 다음으로 때와 장소, 상황에 맞게 선택함으로서 아름다움과 세련미를 더욱 극대화 시킬 수 있다.

피부색	적 용
하얀 피부	· 화이트나 파스텔 컬러 : 깔끔하고 손가락이 길어 보인다. · 베이지나 누드 컬러 : 여성스러워 보인다. · 핑크, 오렌지, 옐로, 레드, 퍼플 같은 비비드 컬러 : 더욱 깨끗해 보인다.
노란 피부	· 화이트나 파스텔 핑크 컬러 : 가장 잘 어울리고 차분해 보인다 · 펄 브라운 컬러 : 우아해 보인다. · 옐로우, 오렌지, 네온 컬러 : 누란 피부를 도드라지게 할 수 있으니 피하는 것이 좋다.
붉은 피부	· 맑은 크림톤이 도는 옐로 컬러 : 피부가 하얗게 보인다. · 블랙, 퍼플, 블루 등의 진하고 차가운 컬러 : 붉은 피부를 중화시켜준다. · 노란 계열, 붉은 계열 : 붉은 피부를 더욱 붉어보이게 하므로 피하는 것이 좋다.
어두운 피부	· 피부 톤보다 한 톤 다운된 네일 컬러를 선택하면 칙칙해 보이는 피부색을 방지할 수 있다. · 채도가 낮고 진한 레드, 퍼플, 네이버, 버건디 : 섹시한 이미지 연출 가능 · 비비드한 화이트, 그린, 옐로 컬러 : 깨끗해 보인다. · 펄이나 베이지, 옅은 브라운 컬러 : 어두운 피부를 어둡게 보일 수 있으니 피하는 것이 좋다.

7 4계절 색채

4계절의 색채는 색의 연상과 상징을 나타내어 이미지를 연출할 수 있다. 다양한 색의 조화를 이용하여 고객의 피부색과 개성을 고려한 핸드페인팅을 표현하도록 한다.

구분	컬러	이미지
봄	노랑, 연두, 연노랑, 연분홍, 연보라 등 파스텔계열 (없는 컬러 – 검정, 흰색)	부드러움, 은은함, 밝음, 편안함
여름	파랑, 물색, 감색, 청록색, 흰색, 청색 계통 (없는 컬러 – 검정, 오렌지)	정열, 젊음, 강렬함
가을	진한 노랑, 빨강, 베이지, 갈색, 적자색 (없는 컬러 – 검정, 흰색)	차분함, 풍부함, 편안함
겨울	회색, 흰색, 파랑, 채도가 낮은 난색 계통 (없는 컬러 – 오렌지)	차가움, 화려함

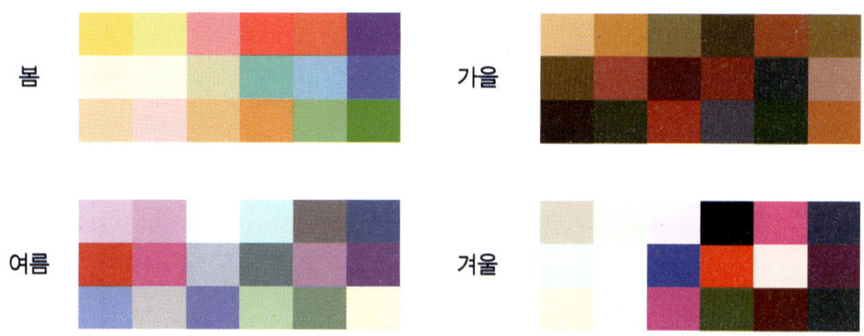

4계절 컬러

3

Polish Art

폴리시 아트

1 워터 마블(Water Marble)

물 위에 여러 색상의 네일 폴리시를 떨어뜨린 후 핀이나 마블링 툴을 사용하여 물 표면에 디자인을 만들어 퍼짐성을 표현하는 기법이다.

1) 시술 재료 및 도구

다양한 폴리시, 물을 담을 컵(종이컵), 네일 팁, 이쑤시개 또는 핀, 오렌지 우드 스틱, 베이스 코트, 탑 코트, 솜, 리무버, 큐티클 오일, 팁 스탠드

2) 시술 과정

① 네일 팁을 팁 스탠드에 고정시킨 후 네일 팁의 모양과 표면을 정리한다.
② 베이스 코트를 바른다.
③ 물에 네일 폴리시를 반복적으로 떨어뜨리고 핀으로 선을 그어 무늬를 만든다.
④ 원하는 디자인 위에 네일 팁을 비스듬히 넣어준다.
⑤ 물 위에 남아있는 폴리시의 막을 깨끗이 제거한다.
⑥ 네일 팁을 꺼내 물기를 제거하고 탑 코트를 발라 마무리 한다.

워터 마블

2 폴리시 마블(Polish Marble)

다양한 색상의 폴리시 위에 폴리시를 올려 디자인을 표현하는 기법으로 폴리시의 퍼짐과 유연한 컬러의 움직임으로 꽃모양, 하트, 물결 등 다양하게 연출할 수 있다. 폴리시 마블은 폴리시가 마르기 전에 디자인을 완성해야 하며 폴리시의 양으로 인해 마르는 속도가 오래 걸릴 수 있다.

1) 시술 재료 및 도구

다양한 폴리시, 베이스 코트, 탑 코트, 핀, 오렌지 우드스틱, 솜, 리무버, 스톤, 팁 스탠드

2) 시술 과정

① 네일 팁을 팁 스탠드에 고정시킨 후 네일 팁의 모양과 표면을 정리한다.
② 베이스코트 후 네일 폴리시를 바른다.
③ 폴리시가 마르기 전에 꽃잎의 위치에 원하는 폴리시를 떨어뜨려 위치를 잡는다.
④ 단시간 내에 핀을 사용하여 꽃의 형태가 되도록 디자인한다.
⑤ 디자인 위에 스톤 등을 부착한다.
⑥ 탑 코트를 발라 마무리한다.

폴리시 마블

4

Nail Decoration Art

장식물 아트

1 스트라이핑 테이프(Striping Tape)

다양한 컬러의 얇은 띠 테이프로 라인 테이프라고도 한다. 테이프 뒷면에 접착제가 도포되어 있어 네일 위에 간편하게 부착하여 사선, 직선의 모양을 디자인 할 수 있다. 선으로 표현되는 세련된 네일아트 기법으로 네일 스톤 등과 함께 사용하여 화려하게 연출할 수 있다. 특히, 네일 범위를 벗어나 스트라이핑 테이프를 부착할 경우 탑코트나 탑 젤을 도포해도 들뜨거나 벗겨질 수 있으므로 마무리에 주의한다.

1) 시술 재료 및 도구

다양한 폴리시, 베이스 코트, 탑 코트, 스트라이핑 테이프, 오렌지 우드 스틱, 실크 가위, 스톤, 팁 스탠드

2) 시술 과정

① 네일 팁을 팁 스탠드에 고정시킨 후 네일 팁의 모양과 표면을 정리한다.
② 베이스 코트를 바른다.
③ 원하는 컬러를 손톱 전체에 바른다.
④ 건조된 컬러 위에 사선 또는 직선으로 테이프를 붙인다.
⑤ 손톱 밖으로 나온 테이프를 랩 가위로 자른다.
⑥ 스톤을 이용하여 디자인한다.
⑦ 탑 코트를 바른다.

스트라이핑 테이프

2 네일 필름(Nail Film)

다양한 컬러의 아주 얇은 시트지로 네일 전체 표면에 전용 글루를 도포하거나 네일 일부에만 도포한 후 필름을 부착하여 표현한다. 필름 뒷면에 접착제가 도포되어 있는 제품도 있으며 홀로그램, 포일, 유리 조각 등이 빛에 반사되어 광택이 매우 뛰어나다. 원하는 디자인을 가위로 재단하여 사용하기도 하며 전용 글루나 젤의 끈적임의 원리를 이용하여 붙였다 떼어 내며 자유롭게 연출할 수 있다.

1) 시술 재료 및 도구

다양한 젤 폴리시, 젤 램프, 젤 클리너, 베이스 젤, 클리어 젤, 탑 젤, 네일 필름, 유리 조각, 젤 브러시, 퍼프, 네일 파일, 오렌지 우드 스틱, 실크 가위, 핀셋, 팁 스탠드

2) 시술 과정

① 네일 팁을 팁 스탠드에 고정시킨 후 네일 팁의 모양과 표면을 정리한다.
② 필름이나 유리조각을 적당한 크기로 자른다.
③ 베이스 젤 바른 후 큐어링 한다.
④ 컬러 젤 2회 바른 후 큐어링하고 미경화 젤을 닦아낸다.
⑤ 네일 위에 유리조각을 잘라 올리고 큐어링 한다.
⑥ 탑 젤이나 클리어 젤을 도포한 후 큐어링 한다.
⑦ 네일 표면을 정리하고 탑 젤 바른 후 큐어링 한다.

네일 필름

3 데칼(Decal)

다양한 모양과 컬러의 종잇조각을 일컫는 말로 납작하거나 반입체적인 엠보 느낌의 접착 스티커 형태로 되어있으며 이를 데칼 이라고도 한다. 원하는 문양을 네일에 바로 붙여서 표현하는 제품과 물에 불려 도안을 떼어내어 붙이는 제품이 있으며 네일에 스티커를 부착 후 탑코트 또는 탑 젤을 도포하여 마무리한다.

1) 시술 재료 및 도구

다양한 폴리시, 베이스 코트, 탑 코트, 데칼, 오렌지 우드 스틱, 핀셋, 가위, 팁 스탠드

2) 시술 과정

① 네일 팁을 팁 스탠드에 고정시킨 후 네일 팁의 모양과 표면을 정리한다.

② 베이스 코트를 바른다.

③ 폴리시를 바른다.

④ 건조된 컬러 위에 핀셋을 사용해 다양한 모양의 데칼을 붙인다.

⑤ 탑 코트를 바른다.

데칼

4 라인 스톤(Rhine Stone)

다양한 모양과 크기, 컬러의 인조 보석으로, 흔히 큐빅이라고도 하며 한쪽 면이 납작하게 되어있어 손톱 위에 부착하여 디자인한다. 다양한 컬러의 반짝임이 있는 반입체적인 인조 보석으로 포인트 효과를 내기 위해 손쉽게 연출할 수 있는 표현기법이다.

1) 시술 재료 및 도구

다양한 폴리시, 베이스 코트, 탑 코트, 스톤, 오렌지 우드 스틱, 핀셋, 젤 글루, 팁 스탠드

2) 시술 과정

① 네일 팁을 팁 스탠드에 고정시킨 후 네일 팁의 모양과 표면을 정리한다.

② 베이스 코트를 바른다.

③ 폴리시를 바른다

④ 건조된 컬러 위에 젤 글루 또는 탑 코트를 원하는 위치에 접착한다.

⑤ 핀셋을 사용해서 스톤을 부착한 후 스톤을 눌러준다.

⑥ 탑 코트를 바른다.

라인 스톤

5

Hand Painting

핸드 페인팅

1 지브라 아트(Zebra Art)

아크릴 물감과 브러시를 사용하여 선을 이용해 표현할 수 있으며 섬세한 터치와 개성으로 지브라 문양을 디자인할 수 있다. 다양한 색상과 불규칙한 선의 굵기와 길이가 매력적인 얼룩말 무늬를 표현할 수 있는 가장 기본적인 디자인이다.

1) 시술 재료 및 도구

아크릴 물감, 세필 브러시, 팔레트(알루미늄 포일), 물통, 팁 스탠드, 베이스 코트, 네일 폴리시, 탑 코트, 오렌지 우드 스틱

2) 시술 과정

① 네일 팁을 팁 스탠드에 고정시킨 후 네일 팁의 모양과 표면을 정리한다.
② 작업할 색상의 아크릴 물감을 팔레트에 덜어낸다.
③ 베이스 코트를 바른다.
④ 아크릴 물감이나 네일 폴리시를 전체에 바른다.
⑤ 건조된 컬러 위에 지브라 무늬를 그린다.
⑥ 디자인이 건조된 후에 탑 코트를 바른다.

지브라 아트

2 호피 아트(Leopard Art)

아크릴 물감과 브러시를 사용하여 점, 선, 면을 이용해 표현할 수 있으며 섬세한 터치와 개성으로 호피 문양을 디자인할 수 있다. 동물 패턴 중에서 가장 인기가 많은 디자인으로 다양한 색상을 이용해 그래픽한 느낌을 연출할 수 있다.

1) 시술 재료 및 도구

아크릴 물감, 세필 브러시, 팔레트(알루미늄 포일), 물통, 팁 스탠드, 베이스 코트, 네일 폴리시, 탑 코트, 오렌지 우드 스틱

2) 시술 과정

① 네일 팁을 팁 스탠드에 고정시킨 후 네일 팁의 모양과 표면을 정리한다.

② 작업할 색상의 아크릴 물감을 팔레트에 덜어낸다.

③ 베이스 코트를 바른다.

④ 아크릴 물감이나 네일 폴리시를 전체에 바른다.

⑤ 건조된 컬러 위에 호피 무늬를 그린다.

⑥ 디자인이 건조된 후에 탑 코트를 바른다.

호피 아트

3 도트 아트(Dot Art)

아크릴 물감과 도트 봉 등의 도구를 사용하여 여러 가지 색상과 다양한 크기의 원형 무늬를 다자인할 수 있다. 네일 디자인의 자신만의 창의적 개발을 위해 물감을 적용하여 응용할 수 있다.

1) 시술 재료 및 도구

아크릴 물감, 도트 봉, 팔레트(알루미늄 포일), 물통, 팁 스탠드, 베이스 코트, 네일 폴리시, 탑 코트, 오렌지 우드 스틱

2) 시술 과정

① 네일 팁을 팁 스탠드에 고정시킨 후 네일 팁의 모양과 표면을 정리한다.

② 작업할 색상의 아크릴 물감을 팔레트에 덜어낸다.

③ 베이스 코트를 바른다.

④ 아크릴 물감이나 네일 폴리시를 전체에 바른다.

⑤ 건조된 컬러 위에 여러가지 색상의 물감을 묻혀 다양한 크기의 점을 찍어 표현한다.

⑥ 디자인이 건조된 후에 탑 코트를 바른다.

도트 아트

4 리본 아트(Ribbon Art)

아크릴 물감과 라이너 브러시를 사용하여 선의 유연함을 이용해 표현하는 기법으로 다양한 움직임을 적용하여 섬세한 리본을 디자인할 수 있다.

1) 시술 재료 및 도구

아크릴 물감, 라이너 브러시, 팔레트(알루미늄 포일), 물통, 팁 스탠드, 베이스 코트, 네일 폴리시, 탑 코트, 오렌지 우드 스틱

2) 시술 과정

① 네일 팁을 팁 스탠드에 고정시킨 후 네일 팁의 모양과 표면을 정리한다.

② 작업할 색상의 아크릴 물감을 팔레트에 덜어낸다.

③ 베이스 코트를 바른다.

④ 아크릴 물감이나 네일 폴리시를 전체에 바른다.

⑤ 건조된 컬러 위에 흰색 컬러를 둥근 브러시에 묻혀 리본 형태를 그린다.

⑥ 검은색 컬러를 라이너 브러시에 묻혀 리본의 입체감을 살려 그린다.

⑦ 디자인이 건조된 후에 탑 코트를 바른다.

도트 아트

5 레이스 아트(Lase Art)

아크릴 물감과 라이너 브러시를 사용하여 선의 유연함을 이용해 표현하는 기법으로 다양한 움직임을 적용하여 섬세한 레이스를 디자인할 수 있다.

1) 시술 재료 및 도구

아크릴 물감, 라이너 브러시, 사선 브러시, 팔레트(알루미늄 포일), 물통, 팁 스탠드, 베이스 코트, 네일 폴리시, 탑 코트, 오렌지 우드 스틱

2) 시술 과정

① 네일 팁을 팁 스탠드에 고정시킨 후 네일 팁의 모양과 표면을 정리한다.
② 작업할 색상의 아크릴 물감을 팔레트에 덜어낸다.
③ 베이스 코트를 바른다.
④ 아크릴 물감이나 네일 폴리시를 프렌치를 디자인한다.
⑤ 프렌치 컬러에 흰색을 섞어 사선 브러시에 묻혀 프렌치 라인 위로 길고 짧게 겹쳐서 그린다.
⑥ 흰색 컬러를 도트 펜에 묻혀 도트를 찍는다.
⑦ 검은색 컬러를 라이너 브러시에 묻혀 레이스의 라인을 그린다.
⑧ 디자인이 건조된 후에 탑 코트를 바른다.

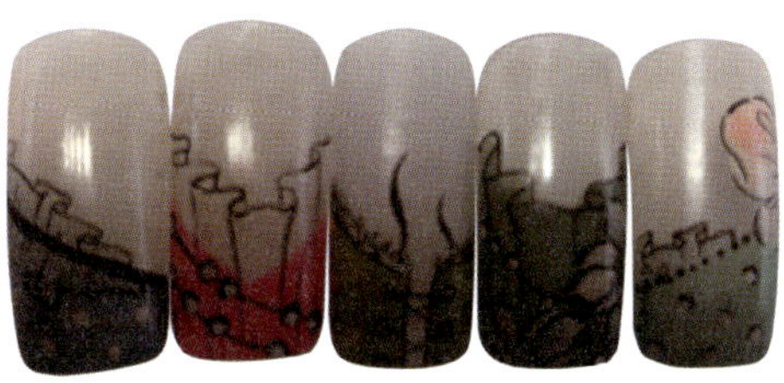

레이스 아트

6 수채화 아트(Tarashikomi Art)

아크릴 물감의 색이 마르기 전에 브러시에 흡수시켜 색채 효과를 내는 기법으로 독특한 디자인을 표현할 수 있다. 브러시에 물감을 듬뿍 묻혀 사용하여 번짐의 효과를 나타내는 기법으로 맑고 명쾌한 느낌을 준다.

1) 시술 재료 및 도구

아크릴 물감, 세필 브러시, 팔레트(알루미늄 포일), 팁 스탠드, 물통, 젤 네일 폴리시, 탑 코트, 워터 데칼, 핀셋

2) 시술 과정

① 네일 팁을 팁 스탠드에 고정시킨 후 네일 팁의 모양과 표면을 정리한다.
② 작업할 색상의 아크릴 물감을 팔레트에 덜어낸다.
③ 화이트 젤 폴리시를 바르고 큐어링한다.
④ 아크릴 물감과 물을 1 : 4 비율로 섞어 묽게 만든다.
⑤ 바깥 꽃잎을 그리고 깨끗한 브러시에 물감을 흡수시킨다.
⑥ 물감이 건조된 후에 안쪽 꽃잎을 그리고 다시 깨끗한 브러시에 물감을 흡수시키며 반복한다.
⑦ 레터링 부착 후 탑 코트나 탑 젤로 마무리한다.

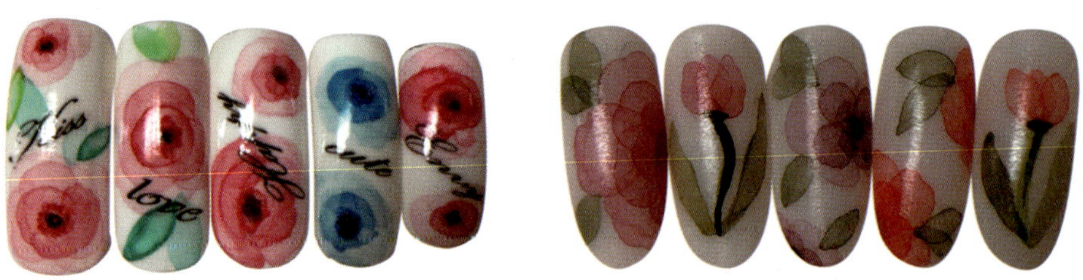

수채화 아트

7 캐릭터 아트(Character Art)

아크릴 물감을 이용하여 캐릭터의 표현이나 선과 면을 그려 넣는 표현 기법으로 개성있고 섬세한 터치가 필요한 디자인이다.

1) 시술 재료 및 도구

아크릴 물감, 세필 브러시, 팔레트(알루미늄 포일), 팁 스탠드, 물통, 젤 네일 폴리시, 탑 코트

2) 시술 과정

① 네일 팁을 팁 스탠드에 고정시킨 후 네일 팁의 모양과 표면을 정리한다.

② 작업할 색상의 아크릴 물감을 팔레트에 덜어낸다.

③ 베이스 코트를 바른다.

④ 아크릴 물감이나 네일 폴리시를 전체에 바른다.

⑤ 건조된 컬러 위에 얼굴과 머리 등에 색을 넣고 눈, 코, 입 등의 윤곽을 그려준다.

⑥ 라인을 그린 후 탑 코트를 발라 마무리한다.

캐릭터 아트

6

Folk Art

포크아트

아크릴 물감을 사용하여 회화적으로 그리는 표현기법으로 사선 브러시의 짧은부분과 긴 부분에 아크릴 물감을 묻혀 포일 위에서 그러데이션 하여 디자인 할 수 있다. 물과 물감은 1:1 비유로 해야 번짐 현상이 없으며 주로 꽃을 모티브로 다양한 컬러를 사용하여 여성스럽고 우아한 표현을 나타낼 수 있다.

1 둥근 꽃

1) 시술 재료 및 도구

아크릴 물감, 사선 브러시, 팔레트(알루미늄 포일), 물통, 베이스 코트, 네일 폴리시, 탑 코트

2) 시술 과정

① 네일 팁을 팁 스탠드에 고정시킨 후 네일 팁의 모양과 표면을 정리한다.
② 작업할 색상의 아크릴 물감을 팔레트에 덜어낸다.
③ 네일 전체에 네일 폴리시 또는 아크릴 물감을 바른다.
④ 브러시에 아크릴 물감과 물을 그러데이션 하여 구도에 맞게 둥근 잎을 그린다.
⑤ 꽃 봉우리 중앙에 꽃술를 찍거나 스톤을 붙인다.
⑥ 디자인이 건조된 후에 탑 코트를 바른다.

둥근 꽃

2 장미꽃

1) 시술 재료 및 도구

아크릴 물감, 사선 브러시, 팔레트(알루미늄 포일), 물통, 베이스 코트, 네일 폴리시, 탑 코트

2) 시술 과정

① 네일 팁을 팁 스탠드에 고정시킨 후 네일 팁의 모양과 표면을 정리한다.

② 작업할 색상의 아크릴 물감을 팔레트에 덜어낸다.

③ 네일 전체에 네일 폴리시 또는 아크릴 물감을 바른다.

④ 브러시에 아크릴 물감과 물을 그러데이션 하여 구도에 맞게 나뭇잎을 그린다.

⑤ 그러데이션 된 브러시로 장미 잎을 그린다.

⑥ 라인을 그리고 꽃 봉우리 중앙에 꽃술를 찍거나 스톤을 붙인다.

⑦ 디자인이 건조된 후에 탑 코트를 바른다.

포크 아트 – 장미꽃

7

Embo Art

엠보 아트

다양한 컬러 파우더와 아크릴 리퀴드, 아크릴 브러시를 사용해 원하는 디자인을 브러시로 반죽하듯 누르며 올록볼록하게 반입체적으로 표현하는 디자인으로 엠보 싱 아트(Embossing Art)라고도 한다. 이미 만들어진 다양한 2D 아트 조형물도 있으며 아크릴이나 젤 등의 재료로 직접 여러 가지 모양을 창의적으로 제작하여 사용할 수 있다.

1 장미꽃

1) 시술 재료 및 도구

아크릴 컬러 파우더, 아크릴 리퀴드, 아크릴 디자인 브러시, 리퀴드 볼, 브러시 크리너

2) 시술 과정

① 네일 팁을 팁 스탠드에 고정시킨 후 네일 팁의 모양과 표면을 정리한다.

② 네일 폴리시나 아크릴 컬러 파우더로 네일 전체에 도포한다.

③ 건조된 컬러 위에 아크릴 볼을 떠서 꽃잎을 디자인한다.

④ 꽃잎 위에 교차되도록 겹꽃을 디자인한다.

⑤ 잎사귀를 디자인하고 스톤 등으로 화려함을 더해준다.

⑥ 완성된 아트에 탑코트를 발라 선명한 색감을 더해준다.

엠보 아트 – 장미꽃

8

Three-Dimension Art

3D 아트

아크릴 파우더를 이용해 입체적인 디자인을 연출하는 기법으로 아크릴 파우더 이외에도 와이어와 조형물 등을 활용해서 만들 수 있다. 아크릴 리퀴드에 브러시 클리너를 섞는 비율에 따라 아크릴 파우더의 굳는 속도를 늦출 수 있어 원하는 3D 작업 시 용이하다.

1 리본

1) 시술 재료 및 도구

아크릴 컬러 파우더, 아크릴 리퀴드, 아크릴 디자인 붓, 리퀴드 볼, 브러시 크리너, 호일, 젤 글루, 핀셋, 스톤, 네일 폴리시

2) 시술 과정

① 호일 위에 컬러 파우더를 이용하여 리본을 만들기 위해 직사각형을 만든다.

② 굳기 전에 핀셋으로 떼어내어 중앙을 잡아 리본 형태를 잡아준다.

③ 완성된 리본을 네일 팁 위에 젤 글루, 젤 등을 이용하여 부착한다.

④ 네일 팁에 부착한 후 스톤을 리본 가운데에 붙여준다.

⑤ 완성된 아트에 탑코트를 발라 선명한 색감을 더해준다.

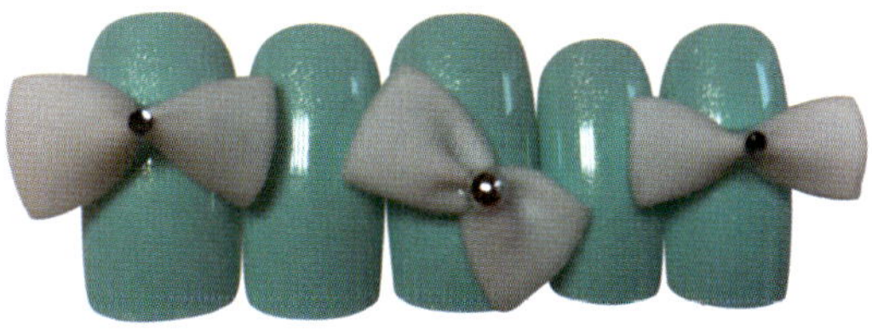

리본 아트

|2| 장미꽃

1) 시술 재료 및 도구

아크릴 컬러 파우더, 아크릴 리퀴드, 아크릴 디자인 붓, 리퀴드 볼, 브러시 크리너, 호일, 젤 글루, 철사나 와이어, 네일 폴리시

2) 시술 과정

① 호일 위에 컬러 파우더를 이용하여 둥글게 꽃잎을 만든다.

② 굳기 전에 핀셋으로 떼어내어 철사에 말아 꽃봉오리를 만든다.

③ 굳기 전에 핀셋으로 꽃잎 형태를 만들어 꽃봉오리에 붙여준다.

④ 꽃잎이 엇갈리게 포개어 붙여서 꽃을 만들어준다.

⑤ 장미꽃을 네일 팁 위에 젤 글루, 젤 등을 이용하여 부착한다.

⑥ 완성된 아트에 탑코트를 발라 선명한 색감을 더해준다.

3D 아트 – 장미꽃

9

Gel Marble

젤 마블

젤 네일 폴리시와 라인 브러시를 사용하여 네일 위에 두 가지 이상의 폴리시 색상을 혼합하여 마블형태를 만든 후 큐어링하여 완성하는 표현기법이다. 젤 네일 폴리시의 성질을 이용하여 선의 움직임에 따라 디자인할 수 있다.

1 대리석 아트

1) 시술 재료 및 도구

다양한 컬러 젤, 베이스 젤, 탑 젤, 세필 브러시, 라운드 브러시, 젤 클리너, 젤 램프기기

2) 시술 과정

① 네일 팁을 팁 스탠드에 고정시킨 후 네일 팁의 모양과 표면을 정리한다.

② 베이스 젤을 얇게 바른 후 큐어링 한다.

③ 붉은 계열과 브라운 계열의 색을 군데군데 바르고 큐어링 한다

④ 블랙 컬러를 세필브러시에 묻혀 불규칙한 대리석 라인을 그려 표현한다.

⑤ 베이스 젤을 라운드 브러시에 묻혀 가볍게 터치하며 경계를 풀어준다.

⑥ 큐어링한다.

⑦ 탑 젤을 바른 후 큐어링하여 마무리한다.

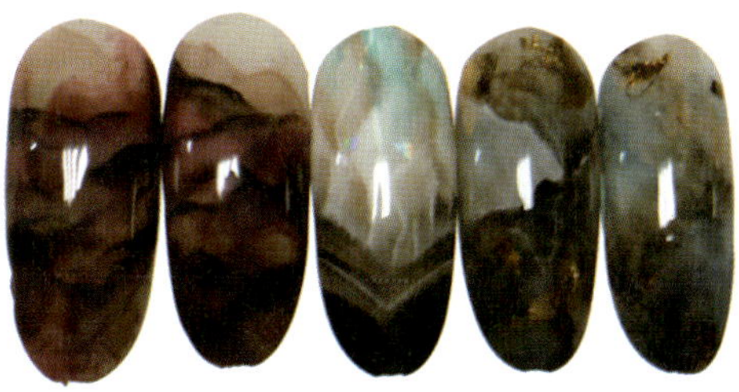

대리석 아트

2 선 마블 아트

1) 시술 재료 및 도구

레드 젤 폴리시, 화이트 젤 폴리시, 베이스 젤, 탑 젤, 세필 브러시, 젤 전용 브러시, 젤 클리너, 젤 램프 기기, 팔레트(알루미늄 포일), 퍼프, 오렌지 우드스틱

2) 시술 과정

① 네일 팁을 팁 스탠드에 고정시킨 후 네일 팁의 모양과 표면을 정리한다.

② 베이스 젤을 얇게 바른 후 큐어링 한다.

③ 흰색과 빨강색을 번갈아 가며 총 8개의 교차된 세로의 직선 형태로 도포한다.

④ 세필 브러시를 이용하여 가로선은 5줄로 좌 · 우측 방향으로 번갈아가며 마블 디자인을 표현한다.

⑤ 주변의 젤 네일 폴리시를 정리한 후 큐어링 한다.

⑥ 탑 젤을 바른 후 큐어링 한다.

선 마블 아트

3 부채꼴 마블 아트

1) 시술 재료 및 도구

레드 젤 폴리시, 화이트 젤 폴리시, 베이스 젤, 탑 젤, 세필 브러시, 젤 전용 브러시, 젤 클리너, 젤 램프 기기, 오렌지 우드스틱

2) 시술 과정

① 네일 팁을 팁 스탠드에 고정시킨 후 네일 팁의 모양과 표면을 정리한다.

② 베이스 젤을 얇게 바른 후 큐어링한다.

③ 빨강색 젤 네일 폴리시를 바른 후 큐어링시킨다. 2코트 진행한다.

③ 흰색과 빨강색을 번갈아 가며 총 7개의 둥근 부채꼴 모양의 교차된 가로선을 도포한다.

④ 세필 브러시를 이용하여 구심점을 중심으로 7개의 세로선을 번갈아가며 마블 디자인을 표현한다.

⑤ 주변의 젤 네일 폴리시를 정리한 후 큐어링한다.

⑥ 탑 젤을 바른 후 큐어링한다.

부채꼴 마블 아트

Advanced Nail
어드밴스드 네일

3

Previous Question

기출문제

기출문제 1회

01 자연 네일에 인조 팁을 붙일 때의 적당한 각도는?

① 35°

② 40°

③ 45°

④ 50°

02 네일 팁 시술 전에 자연 네일의 모양을 둥근형으로 하는 이유는?

① 팁의 웰 선이 라운드이기 때문에

② 팁을 잘 붙게 하기 위해서

③ 스마일 라인이 라운드이기 때문에

④ 큐티클 라인과 맞게 하기 위해서

03 인조 네일의 접착력을 높이기 위해 광택을 제거하는 방법은?

① 샌딩블럭으로 표면을 정리한다.

② 리무버로 표면을 닦아준다.

③ 푸셔로 표면을 정리한다.

④ 오렌지 우드 스틱으로 표면을 정리한다.

04 네일 팁 시술 시 작은 팁을 붙였을 때의 증상이 아닌 것은?

① 자연 네일에 통증이 올 수 있다.

② 파일링이 어려울 수 있다.

③ 손톱이 오그라들어 변형이 올 수 있다.

④ 자연 손톱과 밀착 부분이 작아 빨리 부러질 수 있다.

05 네일 팁을 부착하는 방법으로 옳은 것은?

① 팁을 밀착시킨 후 5~10초 정도 지난 후 글루 드라이를 분사한다.

② 측면이 너무 두꺼운 경우 파일로 살짝 갈아준 후 시술한다.

③ 접착제의 양을 많이 하여 공기가 들어가지 않게 밀착시킨다.

④ 90° 각도를 유지해 공기가 들어가지 않게 밀착시킨다.

06 인조네일 시술 시 네일 팁과 팁의 턱을 효과적으로 메워줄 수 있는 제품은?

① 필러 파우더

② 아크릴릭 파우더

③ 랩

④ 프라이머

07 네일 팁을 붙이고 길이를 자를 때 사용하는 도구는?

① 니퍼

② 푸셔

③ 팁 커터

④ 콘 커터

08 네일 팁이 자연 손톱과 접착되는 부분을 무엇이라고 하는가?

① 웰

② 베드

③ 글루

④ 랩

09 네일 팁을 비틀어 붙이지 않게 하는 방법은?

① 손톱을 보고 붙인다.

② 큐티클을 보고 붙인다.

③ 손가락 마디를 보고 붙인다.

④ 손목을 보고 붙인다.

10 네일 팁 턱선을 제거할 때 엄지로 자연 네일을 잡아주는 이유는?

① 자연 네일의 손상을 방지하기 위해

② 과다한 팁 턱선 제거 방지를 위해

③ 큐티클 손상을 방지하기 위해

④ 네일 월의 손상을 방지하기 위해

11 컬러 팁을 붙인 경우 팁 턱선을 제거하지 않는 이유는?

① 자연 네일을 보호하기 위해

② 길이를 줄이지 않기 위해

③ 큐티클을 보호하기 위해

④ 컬러와 라인을 살리기 위해

12 네일 팁 시술 과정 중 손톱의 광택을 제거해 주는 이유는?

① 손톱의 유분기 제거를 위해

② 손톱의 모양을 잘 잡기 위해

③ 글루가 잘 퍼지게 하기 위해

④ 팁 턱을 잘 제거하기 위해

13 플라스틱, 나일론, 아세테이트 등의 소재로 만든 것은?

① 네일 팁

② 네일 랩

③ 젤 네일

④ 아크릴 네일

14 필러 파우더의 대한 설명으로 맞는 것은?

① 인조 네일을 붙이는 접착제이다.

② 아크릴릭 시술 시 사용하는 파우더이다.

③ 갈라지거나 찢어진 네일을 보수할 때 사용한다.

④ 인조 네일을 제거할 때 사용한다.

15 네일 팁 접착 시 공기 방울이 생기지 않도록 네일 팁을 붙이는 각도는?

① 10°

② 15°

③ 30°

④ 45°

16 네일 팁 시술 시 글루와 글루 드라이의 과도한 사용으로 열이 발생되어 통증을 느끼는 부위는?

① 큐티클

② 네일 베드

③ 프리에지

④ 네일 월

17 필러 파우더를 뿌릴 때의 주의사항이 아닌 것은?

① 네일 팁 턱 제거 시 손톱이 원만한 곡선인 경우 턱 제거만으로도 매끄러워질 수 있다.

② 필러 파우더 사용 후에 글루를 바르고 글루 드라이를 분사해 준다.

③ 필러 파우더를 뿌릴 때 손톱 주변에 묻은 것은 마지막에 한 번에 정리한다.

④ 굴곡이 있는 경우 필러 파우더로 채워주어야 매끄럽다.

18 네일 팁 시술 시 턱을 제거할 때 사용하는 파일의 그릿 수는?

① 80그릿

② 180그릿

③ 280그릿

④ 380그릿

19 랩의 소재 중 가장 강한 것은?

① 린넨

② 실크

③ 화이버 글라스

④ 페이퍼 랩

20 패브릭 랩의 종류 중 매우 가느다란 명주실로 촘촘히 짜여진 소재는?

① 린넨

② 실크

③ 화이버 글라스

④ 페이퍼 랩

21 실크 랩의 특징이 아닌 것은?

① 투명하다.

② 부드럽다.

③ 일회용으로 사용한다.

④ 자연스럽다.

22 네일 랩에 대한 설명으로 옳지 않은 것은?

① 손톱을 포장한다는 뜻으로 오버레이(overlay)라고도 한다.

② 약한 자연손톱이나 인조손톱 위에 덧씌움으로써 튼튼하게 유지시켜준다.

③ 자연손톱을 보호하기 위해 사용하는 방법이다.

④ 부러진 손톱에는 시술할 수 없다.

23 네일 랩의 주된 목적은?

① 큐티클 보호
② 얇고 깨지기 쉬운 손톱의 강화
③ 손톱의 길이 연장
④ 손톱을 물어뜯는 습관 극복

24 네일 랩의 문제점 중 벗겨짐(Peeling)이란?

① 네일 랩이 부러지는 현상
② 손톱의 프리에지 부분에서 랩이 일어나는 현상
③ 손톱의 프리에지 부분의 색깔이 변하는 현상
④ 네일 랩이 분리되는 현상

25 실크 익스텐션에 필요한 재료가 아닌 것은?

① 글루
② 가위
③ 팁
④ 필러 파우더

26 실크 익스텐션 시술 시 실크를 사다리꼴로 재단하는 이유는?

① 자연 네일의 두께가 얇기 때문이다.
② 자연 네일이 짧기 때문이다.
③ 자연 네일이 평면이기 때문이다.
④ 손톱의 길이가 연장하는 부분이 C커브를 잘 만들기 위함이다.

27 실크 익스텐션 시술 시 투명도를 높이는 방법은?

① 필러 파우더를 자주 뿌린다.
② 실크를 두 겹으로 올린다.
③ 글루 드라이를 가까이서 뿌려준다.
④ 연장된 네일 뒷부분에 글루를 발라 준다.

28 실크 익스텐션에 대한 설명으로 잘못된 것은?

① 물어뜯는 손톱의 교정에 이용된다.
② 패브릭, 글루, 필러 파우더를 이용해 길이를 연장하는 것이다.
③ 필러 파우더를 한 번에 많이 뿌리면 C커브가 살 안 잡힌다.
④ 아크릴을 이용해 견고하게 할 수 있다.

29 실크 익스텐션 시술 시 필러 파우더를 조금씩 여러 번 뿌리는 이유는?

① 광택을 좋게 하기 위해
② 모양 교정이 쉽고 투명하게 하기 위해
③ 실크 접착이 잘 되게 하기 위해
④ 파일링이 잘 되게 하기 위해

30 팁 위드 랩 시술 시 사용하지 않는 재료는?

① 실크
② 젤 글루
③ 글루 드라이
④ 아크릴 파우더

기출문제 1회 정답									
1	③	2	①	3	①	4	②	5	②
6	①	7	③	8	①	9	③	10	①
11	④	12	①	13	①	14	③	15	④
16	②	17	③	18	②	19	②	20	②
21	③	22	④	23	②	24	②	25	③
26	④	27	④	28	④	29	②	30	④

기출문제 2회

01 아크릴릭 시술 시 자연 손톱에 잘 접착되도록 사용하는 재료는?

① 리퀴드
② 프라이머
③ 젤
④ 폼

02 아크릴릭 시술 시 가장 얇게 올려야 하는 부분은?

① 네일 보디
② 스트레스 포인트
③ 프리에지
④ 큐티클 부분

03 프라이머에 대한 설명 중 틀린 것은?

① 피부에 묻으면 가렵거나 껍질이 벗겨질 수 있다.
② 강한 산성이다.
③ 충분한 양으로 여러 번 도포해야 한다.
④ 자연 네일에만 바른다.

04 아크릴릭 리퀴드를 조금씩 덜어서 사용하기 위한 용기는?

① 스파출라
② 디스펜서
③ 디펜디시
④ 스포이드

05 아크릴릭 볼 믹스처 시 리퀴드 양이 적을 경우 나타날 수 있는 증상은?

① 너무 빨리 건조됨
② 견고성이 떨어짐
③ 건조 시간이 오래 걸림
④ 아크릴릭 볼이 흘러내림

06 아크릴릭 네일을 시술하기에 가장 적당한 온도는?

① 4~10℃
② 10~15℃
③ 15~20℃
④ 21~26℃

07 아크릴릭 시술에 사용되는 화학성분 중 물질을 빨리 굳게 해주는 성분은?

① 프라이머
② 모노머
③ 폴리머
④ 카탈리스트

08 큐티클 부분의 아크릴이 두꺼우면 어떤 현상이 일어나는가?

① 원래 손톱이 상하게 된다.
② 폴리시의 색상이 변하게 된다.
③ 아크릴릭 네일이 들뜬다.
④ 손톱 끝이 손상된다.

09 아크릴릭 네일에 대한 설명으로 옳은 것은?

① 필러 파우더와 같이 사용한다.
② 인조네일에만 시술이 가능하다.
③ 자연네일에만 시술이 가능하다.
④ 손톱의 모양을 교정할 수 있다.

10 물어뜯는 네일에 아크릴릭 스컬프처를 시술하는 가장 큰 이유는?

① 시술이 간단해서
② 견고해서
③ 가벼워서
④ 잘 떨어져져서

11 스마일 라인이나 미세 작업 시 사용하는 브러시의 부분은?

① 브러시 앞 부분
② 브러시 중간 부분
③ 브러시 끝 부분
④ 브러시 코 부분

12 길이를 조절하거나 볼을 펴 줄 때 사용하는 브러시의 부분은?

① 브러시 앞 부분
② 브러시 중간 부분
③ 브러시 끝 부분
④ 브러시 코 부분

13 아크릴릭 시술에 대한 설명으로 옳지 않은 것은?

① 손톱을 최대한 짧게 잘라야 한다.
② 손톱과 네일 폼 사이에 틈이 생기지 않도록 한다.
③ 하이포니키움이 자라나 있다면 폼에 맞게 재단하여 너무 깊이 끼우지 않는다.
④ 손가락과 손톱의 밸런스를 생각하여 스트레스선을 조절한다.

14 위로 올라간 손톱은 어느 부분에 아크릴릭 볼을 많이 올려야 하는가?

① 큐티클 부분
② 네일 보디 중앙 부분
③ 프리에지 부분
④ 사이드 부분

15 아크릴릭 네일을 잘 마르게 하는 방법으로 옳은 것은?

① 손톱을 차가운 물에 씻는다.
② 탑코트를 바른다.
③ 온도를 높게 한다.
④ 젤 램프에 큐어링한다.

16 아크릴릭 네일 시술 시 사용하는 네일 파일의 그릿 수는?

① 80~100그릿
② 120~180그릿
③ 180~220그릿
④ 220~400그릿

17 아크릴릭 네일 시술 후 언제 보수가 필요한가?

① 2~3주
② 3~4주
③ 4~5주
④ 5~6주

18 프렌치 스컬프처 시술 시 스마일 라인에 대한 설명으로 옳지 않은 것은?

① 깨끗하고 선명한 라인을 만들어야 한다.
② 양쪽 포인트의 대칭은 그다지 중요하지 않다.
③ 빠른 시간에 시술을 해서 얼룩이 생기지 않도록 해야 한다.
④ 손톱의 상태에 따라 라인을 조절할 수 있다.

19 UV젤의 특성에 대한 설명으로 옳지 않은 것은?

① 글루와 같은 성분이 있으며 강도가 조금 강한 잡착제이다.

② 젤은 농도에 따라 묽기가 약간 다르다.

③ 폴리시를 바르는 형태도 있다.

④ 젤은 별도의 카탈리스트 응고제가 필요하지 않다.

20 젤 네일과 아크릴릭 네일을 비교·설명하였다. 옳지 않은 것은?

① 젤 네일은 아크릴릭 네일보다 냄새가 더 심하다.

② 젤 네일은 아크릴릭 네일보다 손톱에 주는 손상이 더 심하다.

③ 젤 네일은 아크릴릭 네일보다 아트의 수정이 더 쉽다.

④ 젤 네일은 아크릴릭 네일보다 제거가 어렵다.

21 UV광선이나 LED램프를 이용하여 젤을 응고시키는 시술을 무엇이라 하는가?

① 노 라이트 큐어드 젤

② 라이트 큐어드 젤

③ 익스텐션

④ 아크릴릭 오버레이

22 젤 네일의 장점에 대한 설명으로 옳지 않은 것은?

① 냄새가 거의 나지 않는다.

② 시술이 용이하여 작업시간 단축이 가능하다.

③ 폴리시보다 제거가 쉽다.

④ 광택이 오래 지속된다.

23 젤 네일의 손상 원인이 아닌 것은?

① 고객의 부주의한 관리

② 젤이 큐티클 부분까지 닿게 발랐을 경우

③ 큐어링이 부족한 경우

④ 손톱이 빨리 자라는 경우

24 젤 네일 시술 시에만 필요한 것으로 젤을 경화시키는 데 사용되는 도구는?

① 큐어링 라이트

② 드릴 머신

③ 브러시

④ 글루 드라이

25 스컬프처 네일 시술 후 폼을 제거해야 하는 시기는?

① 오버레이 된 인조 손톱이 완전히 마른 후 제거

② 오버레이 시술 후 바로 제거

③ 인존 네일의 큐티클을 정리하고 제거

④ 인조 네일의 표면을 갈아주고 제거

26 라이트 큐어드 젤의 가장 큰 문제점은?

① 아세톤에 잘 녹지 않는다.

② 광택이 없다.

③ 잘 깨진다.

④ 잘 뜬다.

27 다음은 라이트 큐어드 젤 네일의 시술 순서이다. ( )에 공통으로 들어갈 작업으로 옳은 것은?

> 광택 제거 → 1차 젤 도포하기 → ( )
> → 2차 젤 도포하기 → ( ) → 마무리

① 라이트 큐어링하기

② 마사지하기

③ 버핑하기

④ 파일링하기

28 자연 네일과 네일 폼 사이에 틈이 없도록 폼을 끼울 때 손상 우려가 있는 손톱 주위의 피부는?

① 하이포니키움

② 큐티클

③ 에포니키움

④ 프리에지

29 네일 폼을 수평으로 끼웠을 경우 손톱 밑에 공간이 생기는 손톱 형태는?

① 일반적인 손톱

② 위로 올라간 손톱

③ 아래로 내려간 손톱

④ 옆으로 휘어진 손톱

30 라이트 큐어드 젤 시술 과정에서 필요하지 않은 것은?

① 젤 본더

② 프라이머

③ 큐어링 라이트기

④ 3-way

기출문제 2회 정답

1	②	2	④	3	③	4	③	5	①
6	④	7	④	8	③	9	④	10	②
11	①	12	③	13	①	14	②	15	③
16	①	17	①	18	②	19	①	20	①
21	②	22	③	23	④	24	①	25	②
26	①	27	①	28	①	29	②	30	④

기출문제 3회

01 네일의 길이와 모양을 자유롭게 조절할 수 있는 것은?

① 프리에지
② 네일 그루브
③ 네일 폴드
④ 에포니키움

02 다음 중 자외선 B(UV-B)의 파장 범위는?

① 100~190nm
② 200~280nm
③ 290~320nm
④ 300~400nm

03 젤 램프기기와 관련한 설명으로 틀린 것은?

① LED 램프는 400~700nm 정도의 파장을 사용한다.
② UV램프는 UV-A파장 정도를 사용한다.
③ 젤 네일에 사용되는 광선은 자외선과 적외선이다.
④ 젤 네일의 광택이 떨어지거나 경화속도가 떨어지면 램프를 교체함이 바람직하다.

04 아크릴릭 네일의 시술과 보수에 관련한 내용으로 틀린 것은?

① 공기방울이 생긴 인조 네일은 촉촉하게 젖은 브러시의 사용으로 인해 나타날 수 있는 현상이다.
② 노랗게 변색되는 인조 네일은 제품과 시술하는 과정에서 발생한 것으로 보수를 해야 한다.
③ 적절한 온도 이하에서 시술했을 경우 인조 네일에 금이 가거나 깨지는 현상이 나타날 수 있다.
④ 기존에 시술되어진 인조 네일과 새로 자라나온 자연 네일을 자연스럽게 연결해 주어야 한다.

05 자연 네일의 형태 및 특성에 따른 네일 팁 적용 방법으로 옳은 것은?

① 넓적한 손톱에는 끝이 좁아지는 내로 팁을 적용한다.
② 아래로 향한 손톱(claw nail)에는 커브 팁을 적용한다.
③ 위로 솟아 오른 손톱(spoon nail)에는 옆선에 커브가 없는 팁을 적용한다.
④ 물어뜯는 손톱에는 팁을 적용할 수 없다.

06 아크릴릭 네일 재료인 프라이머에 대한 설명으로 틀린 것은?

① 손톱 표면의 유·수분을 제거해주고 건조시켜 주어 아크릴의 접착력을 강하게 해준다.

② 산성 제품으로 피부에 화상을 입힐 수 있으므로 최소량만을 사용한다.

③ 인조 네일 전체에 사용하며 방부제 역할을 해 준다.

④ 손톱 표면의 pH 밸런스를 맞춰준다.

07 투톤 아크릴 스컬프처의 시술에 대한 설명으로 틀린 것은?

① 프렌치 스컬프처(French sculpture)라고도 한다.

② 화이트 파우더 특성상 프리에지가 퍼져 보일 수 있으므로 핀칭에 유의해야 한다.

③ 스트레스 포인트에 화이트 파우더가 얇게 시술되면 떨어지기 쉬우므로 주의한다.

④ 스퀘어 모양을 잡기 위해 파일은 30°정도 살짝 기울여 파일링한다.

08 젤 네일에 관한 설명으로 틀린 것은?

① 아크릴릭에 비해 강한 냄새가 없다.

② 일반 네일 폴리시에 비해 광택이 오래 지속된다.

③ 소프트 젤(Soft Gel)은 아세톤에 녹지 않는다.

④ 젤 네일은 하드 젤(Hard Gel)과 소프트 젤(Soft Gel)로 구분된다.

09 UV 젤 네일 시술 시 리프팅이 일어나는 이유로 적절하지 않은 것은?

① 네일의 유·수분기를 제거하지 않고 시술했다.

② 젤을 프리에지까지 시술하지 않았다.

③ 젤을 큐티클 라인에 닿지 않게 시술했다.

④ 큐어링 시간을 잘 지키지 않았다.

10 아크릴릭 네일의 설명으로 맞는 것은?

① 두꺼운 손톱 구조로만 완성되며 다양한 형태는 만들 수 없다.

② 두톤 스컬프처인 프렌치 스컬프처에 적용할 수 없다.

③ 물어뜯는 손톱에 사용하여서는 안 된다.

④ 네일 폼을 사용하여 다양한 형태로 조형이 가능하다.

11 아크릴릭 스컬프처 시술 시 손톱에 부착해 길이를 연장하는 데 받침대 역할을 하는 재료로 옳은 것은?

① 네일 폼

② 리퀴드

③ 모노머

④ 아크릴 파우더

12 다음 중 네일 팁의 재질이 아닌 것은?

① 아세테이트

② 플라스틱

③ 아크릴

④ 나일론

13 아크릴릭 네일의 제거 방법으로 가장 적합한 것은?

① 드릴머신으로 갈아준다.

② 솜에 아세톤을 적셔 호일로 감싸 30분 정도 불린 후 오렌지 우드스틱으로 밀어서 떼어준다.

③ 100그릿 파일로 파일링하여 제거한다.

④ 솜에 알코올을 적셔 호일로 감싸 30분 정도 불린 후 오렌지 우드스틱으로 밀어서 떼어준다.

14 아크릴릭 시술에서 핀칭을 하는 주된 이유는?

① 리프팅 방지에 도움이 된다.

② C커브에 도움이 된다.

③ 하이포인트 형성에 도움이 된다.

④ 에칭에 도움이 된다.

15 네일 종이폼의 적용에 대한 설명으로 틀린 것은?

① 다양한 스컬프처 네일 시술 시에 사용한다.

② 자연스런 네일의 연장을 만들 수 있다.

③ 디자인 UV젤 팁 오버레이 시에 사용한다.

④ 일회용이며 프렌치 스컬프처에 적용한다.

16 팁 위드 랩 시술 시 사용하지 않는 재료는?

① 글루 드라이

② 실크

③ 젤 글루

④ 아크릴 파우더

17 UV 젤의 특징이 아닌 것은?

① 올리고머 형태의 분자구조를 가지고 있다.

② 탑젤의 광택은 인조 네일 중 가장 좋다.

③ 젤은 농도에 따라 묽기가 약간씩 다르다.

④ UV젤은 상온에서 경화가 가능하다.

18 네일 도구의 설명으로 틀린 것은?

① 큐티클 니퍼 : 손톱 위에 거스러미가 생긴 살을 제거할 때 사용한다.

② 아크릴릭 브러시 : 아크리릭 파우더로 볼을 만들어 인조손톱을 만들 때 사용한다.

③ 클리퍼 : 인조팁을 잘라 길이를 조절할 때 사용한다.

④ 아크릴릭 폼지 : 팁 없이 아크릴릭 파우더만을 가지고 네일을 연장할 때 사용하는 일종의 받침대 역할을 한다.

19 UV 젤 네일의 설명으로 옳지 않은 것은?

① 젤은 끈끈한 점성을 가지고 있다.

② 파우더와 믹스되었을 때 난단해진다.

③ 네일 리무버로 제거되지 않는다.

④ 투명도와 광택이 뛰어나다.

20 네일 팁에 대한 설명으로 틀린 것은?

① 네일 팁 접착 시 손톱의 1/2 이상 커버해서는 안 된다.

② 네일 팁은 손톱의 크기에 너무 크거나 작지 않은 가장 잘 맞는 사이즈의 팁을 사용한다.

③ 웰 부분의 형태에 따라 풀 웰과 하프 웰이 있다.

④ 자연 손톱이 크고 납작한 경우 커브 타입의 팁이 좋다.

21 네일 팁 오버레이의 시술과정에 대한 설명으로 틀린 것은?

① 네일 팁 접착 시 자연손톱의 길이의 1/2 이상 덮지 않는다.

② 자연 손톱이 넓은 경우, 좁게 보이게 하기 위하여 작은 사이즈의 네일 팁을 붙인다.

③ 네일 팁의 접착력을 높여주기 위해 자연손톱의 에칭 작업을 한다.

④ 프리 프라이머를 자연 손톱에만 도포한다.

22 아크릴릭 시술 시 바르는 프라이머에 대한 설명 중 틀린 것은?

① 단백질을 화학작용으로 녹여준다.
② 아크릴릭 네일이 손톱에 잘 부착되도록 도와준다.
③ 피부에 닿으면 화상을 입힐 수 있다.
④ 충분한 양으로 여러 번 도포해야 한다.

23 아크릴릭 네일의 보수 과정에 대한 설명으로 가장 거리가 먼 것은?

① 들뜬 부분의 경계를 파일링한다.
② 아크릴릭 표면이 단단하게 굳은 후에 파일링한다.
③ 새로 자라난 자연손톱 부분에 프라이머를 바른다.
④ 들뜬 부분에 오일 도포 후 큐티클을 정리한다.

24 젤 큐어링 시 발생하는 히팅 현상과 관련한 내용으로 가장 거리가 먼 것은?

① 손톱이 얇거나 상처가 있을 경우에 히팅 현상이 나타날 수 있다.
② 젤 시술이 두껍게 되었을 경우에 히팅 현상이 나타날 수 있다.
③ 히팅 현상 발생 시 경화가 잘 되도록 잠시 참는다.
④ 젤 시술 시 얇게 여러 번 발라 큐어링하여 히팅 현상에 대처한다.

25 프라이머의 특징이 아닌 것은?

① 아크릴릭 시술 시 자연 손톱에 잘 부착되도록 돕는다.
② 피부에 닿으면 화상을 입힐 수 있다.
③ 자연 손톱 표면의 단백질을 녹인다.
④ 알칼리 성분으로 자연손톱을 강하게 한다.

26 다음 중 원톤 스컬프처 제거에 대한 설명으로 틀린 것은?

① 니퍼로 뜯는 행위는 자연 손톱에 손상을 주므로 피한다.

② 표면에 에칭을 주어 아크릴 제거가 수월하도록 한다.

③ 100% 아세톤을 사용하여 아크릴을 녹여준다.

④ 파일링만으로 제거하는 것이 원칙이다.

27 자연손톱에 인조 팁을 붙일 때 유지하는 가장 적합한 각도는?

① 35°

② 45°

③ 90°

④ 95°

28 원톤 스컬프처의 완성 시 인조 네일의 아름다운 구조 설명으로 틀린 것은?

① 옆선이 네일의 사이드월 부분과 자연스럽게 연결되어야 한다.

② 컨벡스와 컨케이브의 균형이 균일해야 한다.

③ 하이포인트의 위치가 스트레스 포인트 부근에 위치해야 한다.

④ 인조네일의 길이는 길어야 아름답다.

29 네일 폼의 사용에 관한 설명으로 옳지 않은 것은?

① 측면에서 볼 때 네일 폼은 항상 20°하향하도록 장착한다.

② 자연 네일과 네일 폼 사이가 멀어지지 않도록 장착한다.

③ 하이포니키움이 손상되지 않도록 주의하며 장착한다.

④ 네일 폼이 틀어지지 않도록 균형을 잘 조절하여 장착한다.

30 인조 네일을 보수하는 이유로 틀린 것은?

① 깨끗한 네일 미용의 유지

② 녹황색균의 방지

③ 인조 네일의 견고성 유지

④ 인조 네일의 원활한 제거

31 자연 네일을 오버레이하여 보강할 때 사용할 수 없는 재료는?

① 실크

② 아크릴

③ 젤

④ 파일

32 라이트 큐어드 젤에 대한 설명이 옳은 것은?

① 공기 중에 노출되면 자연스럽게 응고된다.

② 특수한 빛에 노출시켜 젤을 응고시키는 방법이다.

③ 경화 시 실내온도와 습도에 민감하게 반응한다.

④ 글루 사용 후 글루 드라이를 분시시켜 말리는 방법이다.

33 네일 팁 작업에서 팁을 접착하는 올바른 방법은?

① 자연 네일보다 한 사이즈 정도 작은 팁을 접착한다.

② 큐티클에 최대한 가깝게 부착한다.

③ 45°로 네일 팁을 접착한다.

④ 자연 네일의 절반 이상을 덮도록 한다.

34 아크릴 프렌치 스컬프처 시술 시 형성되는 스마일 라인의 설명으로 틀린 것은?

① 선명한 라인 형성

② 일자 라인 형성

③ 균일한 라인 형성

④ 좌우 라인 대칭

35 UV 젤 스컬프처 보수 방법으로 가장 적합하지 않은 것은?

① UV 젤과 자연 네일의 경계 부분을 파일링한다.

② 투웨이 젤을 이용하여 두께를 만들고 큐어링한다.

③ 파일링 시 너무 부드럽지 않은 파일을 사용한다.

④ 거친 네일 표면 위에 UV 젤 탑코트를 바른다.

기출문제 3회 정답									
1	①	2	③	3	③	4	①	5	①
6	③	7	④	8	③	9	③	10	④
11	①	12	③	13	④	14	②	15	③
16	④	17	④	18	③	19	②	20	④
21	②	22	④	23	④	24	③	25	④
26	②	27	②	28	④	29	①	30	④
31	④	32	②	33	③	34	②	35	②

참고 문헌

단행본

김경옥 외. The Nail Art. 예림. 2013.

김나영 외. 네일아트. 광문각. 2014.

박소현 외. 뷰티네일아트북. 학진분스. 2012.

박은주. 네일미용. 정담미디어. 2014

이미춘 외. NCS기반 네일 미용학. 광문각. 2016

이서윤 외. 응용네일아트. 광문각. 2014.

이영순 외. 네일관리학. 고문사. 2010

조슬아 외. 네일아트 美학. 구민사. 2013.

최은미 외. 기초 네일 케어. 메디시언. 2017

최은정 외. 네일아트. 구민사. 2014.

C&D연구소. 색채론. ㈜한국색채디자인개발원. 2014.

저자약력

고정민

건국대학교 이학박사

여주대학교 뷰티약손미용과 겸임교수

김유정

건국대학교 이학박사

여주대학교 뷰티약손미용과 학과장

어드밴스드 네일

Advanced Nail

초판 인쇄 2020년 2월 20일
초판 발행 2020년 2월 28일

지은이 고정민 · 김유정
발행인 조규백

발행처 도서출판 구민사
주소 (07293) 서울특별시 영등포구 문래북로 116, 604호(문래동3가 46, 트리플렉스)
전화 (02)701-7421
팩스 (02)3273-9642
홈페이지 www.kuhminsa.co.kr

신고번호 제 2012-000055호(1980년 2월 4일)
ISBN 979-11-5813-809-7 93590

정가 18,000원